ISBN-13: 978-3956250040

DER HUFMECHANISMUS

WAS WIR WIRKLICH WISSEN!

LEHRBUCH DES LTZ

Stefanie Blatz

Konstanze Krüger

Michael Zanger

Vorwort Michael Zanger

Der Hufmechanismus - sehr häufig benutzen wir dieses Wort im Umgang mit dem Pferd. Immer tun wir es mit der Gewissheit, dass wissenschaftlich geklärt und definiert ist, was darunter zu verstehen ist. Und wenn wir als Hufbearbeiter oder Hufschmied am Pferd arbeiten, haben wir selten Zweifel, dass wir unser persönliches Bild vom Hufmechanismus in Frage stellen müssen.
Aber ist dem wirklich so? Können wir mit Sicherheit sagen, was den Hufmechanismus ausmacht? Dieses Buch analysiert 250 Jahre wissenschaftliche Forschung und gibt uns eine verblüffende Antwort auf diese Frage: Wir wissen sehr viel weniger über den Hufmechanismus als wir vorgeben zu wissen!

Dieses Buch ist ein Appell an uns alle, festgefahrene Meinungen und Ansichten nicht als vorgegebene Wahrheit anzusehen! Es erinnert uns eindringlich daran, wie wichtig eine methodenoffene Betrachtung des Hufmechanismus ist und wie offen wir daher für eine individuelle und flexible Praxis in der Hufbearbeitung bleiben müssen.

Vorwort Konstanze Krüger

Hatten Sie gedacht Sie wissen was der Hufmechanismus des Pferdes ist? Nun – nach der Studie des vorliegenden Buches wissen Sie es wirklich! Gibt es einen Hufmechanismus oder gibt es ihn nicht? Verändert sich die Hufform beim Auffußen oder tut sie es nicht? Falls ja, wie verformt sich der Huf und welche biomechanischen Prozesse laufen ab? Sie werden zu diesen Fragen bereits Vorstellungen mitbringen. Nun, wir hatten sie auch. Die vielschichtigen Auffassungen und Erkenntnis zum Hufmechanismus des Pferdes haben uns zu Beginn der Recherche jedoch sehr erstaunt.

Dieses Buch sollte eine Pflichtlektüre für alle die sich mit der Bearbeitung des Pferdehufs beschäftigen sein. Amüsant und spannend werden Sie im Schnelldurchgang durch zweieinhalb Jahrtausende Geschichte des Hufbeschlags geführt, um Ihnen dann die Erforschung des Hufmechanismus näher zu bringen. Interessant, dass sich sehr gegenläufige Anschauungen aber auch etliche Übereinstimmungen in der Literatur finden! Erforschen Sie selber welche Aspekte des Hufmechanismus tatsächlich übereinstimmend bestätigt werden können, und wie viel individuelle Varianz der Pferdehuf mit sich bringt.

Viel Spaß!

Inhaltsverzeichnis

Gewidmet den Pferden

Zusammenfassung

Der Hufmechanismus ist ein biomechanisches Phänomen, das im Jahre 1754 durch den Franzosen LA FOSSE (La Fosse, 1755) erstmals Eingang in die Literatur fand und bis zum heutigen Tag erforscht wird. Im weitesten Sinne beschreibt der Hufmechanismus die Bewegung der Hufkapsel und der innenliegenden Hufstrukturen im Moment des Auffußens.

Seit dem 19. Jahrhundert findet der Hufmechanismus nennenswerte Beachtung in der veterinärmedizinischen Forschung und dessen genaue Kenntnis wird seit seiner Entdeckung als essenziell für die Hufbearbeitung und den korrekten Beschlag angesehen. Nach über 250 Jahren der Forschung und zahlreichen Studien, mit bis heute widersprüchlichen Ergebnissen, lässt sich jedoch immer noch keine valide Aussage dazu treffen, wie der Hufmechanismus genau entsteht, vonstattengeht und wie mit selbigem den Beschlag betreffend korrekt zu verfahren ist. Daher hat sich diese Arbeit zum Ziel gesetzt, den Ursachen dafür auf den Grund zu gehen, sowie einen Überblick über die bisher geleistete Forschungsarbeit zu geben.

Im Hinblick auf die Geschichte des Hufmechanismus können vier Grundsatztheorien unterschieden werden: die Erweiterungstheorie, die Rotationstheorie, die Depressionstheorie und die Elastizitätstheorie.

In einer Literaturuntersuchung wurden 50 online verfügbare Studien der letzten zweieinhalb Jahrhunderte, auf ihre Aussagen den Hufmechanismus betreffend, analysiert. Die Analyse der Literatur ergab einen Konsens der Autoren darüber, dass es einen Hufmechanismus gibt (Binomial Test: $N = 50$, $p<0{,}001$). Des Weiteren legten die meisten Untersuchungen die Prämisse zugrunde, der Hufmechanismus ließe sich für alle Pferde verallgemeinern (Binomial Test: $N = 50$, $p=0{,}002$). Die Zahl der Untersuchungen, welche diese Annahme trafen, nahm im Laufe der Zeit ab (Spearman Rangkorrelationstest: $N= 50$; $r_s= -0{,}44$; $p= 0{,}001$). Zudem kamen signifikant mehr Studien zu dem Ergebnis, dass sich die

Sohle senkt (Binomial Test: $N = 50$, $p<0{,}001$) und der Tragrand im Bereich der Trachten erweitert (Binomial Test: $N = 50$, $p<0{,}001$). Über die Bewegung anderer Bereiche in Sohlen- und Trachtenregion ist man sich jedoch uneinig. Dies betrifft die Trachtenwandbewegung (Binomial Test: $N = 50$, $p=0{,}597$), die Kronranderweiterung im Trachtenbereich (Binomial Test: $N = 50$, $p=0{,}099$) und die Strahlsenkung (Binomial Test: $N = 50$, $p=0{,}864$). Alle anderen Kategorien wurden mehrheitlich nicht belegt und können daher auch nicht als bestätigt angesehen werden.

Da die Widersprüchlichkeit der Hufmechanismusforschung bis in die Zeit der modernen Wissenschaft reproduzierbar ist und ebenfalls durch die vorliegende Studie abgebildet wird, darf angenommen werden, dass die Ursache dieser Diskrepanzen wahrscheinlich nicht bei der verwendeten Messmethode zu suchen ist, sondern bei den zugrunde gelegten Prämissen zu finden sein dürfte. Die vorliegenden Ergebnisse sprechen für die Elastizitätstheorie, welche einen individuellen Hufmechanismus postuliert, der von Pferd zu Pferd unterschiedlich ist, von mannigfaltigen Faktoren abhängig ist und sich als ebenso anpassungsfähig zeigt, wie die Hufform selbst. Daher sollte bei der Hufbearbeitung und beim Beschlag von Pferden das Augenmerk auf einen gewissen Weitblick gelegt werden, sodass nicht alle Pferde starr nach einer einzigen Maxime bearbeitet werden, sondern vielmehr die optimale Bearbeitung für jedes einzelne Pferd gesucht wird.

Dieses Buch hat zum Ziel, als einen gründlichen Überblick über die bisher geleistete Forschungsarbeit bezüglich des Hufmechanismus zu geben, sowie diese in einer modellartigen Systematik darzustellen. Es soll erklären, warum nach über 250 Jahren Forschung, unzähligen Studien mit widersprüchlichen Ergebnissen und Untersuchungen mit den modernsten Technologien, immer noch keine valide Aussage dazu getroffen werden kann, wie der Hufmechanismus nun genau entsteht, vonstattengeht und wie mit selbigem den Beschlag betreffend korrekt zu verfahren ist.

Geschichte der Entwicklung des Hufbeschlags und der Kenntnisse über den Hufmechanismus

Ein geschichtlicher Abriss der Pferdenutzung und der Entwicklung des Hufbeschlages

Bereits aus der Steinzeit finden sich erste Abbildungen von Pferden (Ahlrichs, 2016). Die ältesten Höhlenmalereien in Europa wurden auf ein Alter von etwa 37.000 bis 40.800 Jahre datiert und zeigen im Falle der Höhle von Lascaux, Frankreich, unter anderem Wildpferde, die von Menschen in der Steppe des Jungpaläolithikums gejagt wurden (Ahlrichs, 2016). Seit seiner Domestizierung vor etwa 5000 Jahren stand das Pferd fortan im Dienste des Menschen (Podbregar, 2018). Zu Beginn seines Siegeszuges als Haustier, darf sicherlich in erster Linie eine Nutzung als Fleischlieferant angenommen werden. Alsbald jedoch war es darüber hinaus in der Funktion eines Transportmittels, Lastenträgers und Zugtieres viele Jahrhunderte hindurch unverzichtbar für die Entwicklung menschlicher Zivilisation (Brücher, 1876).

Ohne die Schnelligkeit und Härte ihrer Pferde, wären die Beduinen genauso wie die Mongolen in der kargen Umgebung ihrer Heimat, seien es die Wüsten Arabiens und Ägyptens, oder die kontinentale Steppe der Mongolei auf verlorenem Posten gewesen. Ohne sein Pferd war ein Beduine mitten in der Wüste bei 50 °C Umgebungstemperatur, die nächste Oase oder der nächste Brunnen mit frischen Trinkwasser fünf Tagesmärsche entfernt und keine Mitfahrgelegenheit weit und breit, mit großer Wahrscheinlichkeit zum Tode verurteilt gewesen. Mittels ihrer Pferde konnten diese Menschen in Gebiete vordringen, die sie zu Fuß schwerlich hätten erreichen können, denn sie hoben das Geschwindigkeitspotenzial ihrer Reiter drastisch an, ähnlich wie die Eisenbahn oder das Automobil.

Wie wertvoll Pferde für die Menschen der damaligen Zeit waren, spiegelt sich nicht zuletzt in ihrer Spiritualität wider. Dem arabischen Pferd beispielsweise kommt im Islam besondere Bedeutung zu und es wird dementsprechend mit ausgesprochen blumiger Wortwahl bedacht (Schmidt, 2014). Im keltisch-germanischen Raum wurden Pferde in Form der Fruchtbarkeitsgöttin Epona verehrt, welche später von den Römern als Schutzgöttin der Kavallerie in deren bereits reich gefüllten Götterhimmel aufgenommen wurde (Varberg, 2009).

Für die Mongolen hingegen, waren Pferde zwar sicherlich unentbehrlich wie äußerst wertvoll, aber keineswegs heilig. Während die Nachfahren der Germanen bis in die heutige Zeit eine innere Aversion gegen den Verzehr von Pferdefleisch hegen (Richter, 2014), genießen die Mongolen mit

Vorliebe Fohlenfleisch und vergorene Stutenmilch (Twente, 2005). Die Armee Dschingis Khans (1162-1227) verdankte ihren großen Erfolg gegen die überlegene Supermacht China, welche ein gewaltiges stehendes Heer unterhielt, zu weiten Teilen ihren Pferden und ihrer nomadischen Lebensweise (Hollendung & Böhling, K.A.). Die Chinesen waren Ackerbauern und ernährten sich vor allem von Reis und anderen Kohlenhydratlieferanten. Das bedeutete für das Heer, dass sie große Mengen Nahrungsmittel mit sich führen mussten, also einen ganzen Tross Lastentiere, Köche, Kutscher und andere Helfer bei sich hatten, um die Krieger zu versorgen. Das chinesische Heer zog folglich einen riesigen Versorgungsapparat mit sich. Jener Umstand allerdings machte diese gewaltige Armee sehr langsam. Die Mongolen hingegen waren durch ihre nomadische Lebensweise auf eine Ernährung bestehend aus getrocknetem Fleisch und vergorener Stutenmilch eingestellt. Das verschaffte ihnen einen Vorteil. Jeder Soldat führte mehrere Pferde mit sich, die er reihum ritt, sodass immer ein frisches Pferd zur Verfügung stand (Imhof, 2010). Außerdem tranken die Mongolen vergorene Stutenmilch, welche als energiedichtes Lebensmittel hervorragend zur Versorgung der Soldaten mit langfristig verfügbarer Energie geeignet war (Twente, 2005). Überdies stand den Reitern getrocknetes Pferdefleisch zur Verfügung, welches sie zu einem Pulver verrieben und bei Bedarf mit heißem Wasser aufkochten (Twente, 2005). Jene platzsparende, leichte Konservierungsmethode enorm nahrhafter Lebensmittel, machte die Mongolen nicht nur schnell, sondern in den Weiten der Steppe auch unabhängig (Twente, 2005).

Demzufolge war jeder Reiter in Dschingis Khans Heer ein Krieger. Mit leichtem Gepäck waren die Mongolen in der Lage, so schnell zu reiten, wie die Hufe ihrer Pferde sie trugen. Auf diese Weise waren sie sogar so schnell, dass sie jederzeit einen Überraschungsangriff auf ihre Gegner führen konnten, sodass diese niemals genau wussten, in welcher ihrer Städte die Mongolen als nächsten einfallen würden (Twente, 2005). Der Kriegstaktik Dschingis Khans hatte das träge Heer ihrer Feinde wenig entgegenzusetzen, fast schien es, als würden die schnellen, wendigen Mongolen blitzartig aus allen Richtungen auftauchen (Twente, 2005). Dies sorgte dafür, dass die zahlenmäßig weit unterlegenen Mongolen den Chinesen im Kampf doch überlegen waren und Dschingis Khan der Supermacht China seinerzeit schwer zusetzte und sie letztlich eroberte (Hollendung & Böhling, K.A.).

Ein weiterer großer Eroberer, dessen Geschichte stark von der Nutzung des Pferdes beeinflusst wurde, war Alexander der Große (356 v.Chr. – 323 v. Chr.) mit seinem berühmten Schlachtross Bukephalos. Anders als den Mongolen, gereichte ihm die Nutzung von Pferden jedoch nicht immer unbedingt zum Vorteil (Imhof, 2010). Der Armeedienst und auch die sonstige frühe Nutzung der Tiere verlangte den Pferden ein Vielfaches mehr ab, als ihre Hufe standhalten konnten (Sautier, 1913). So hatten sie weite Strecken zu überwinden, zusätzlich häufig unwegsames Gelände zu passieren und das überdies unter Reitergewicht, oder anderen Lasten, die ihnen auf den Rücken geladen worden waren. Die meisten Pferde der damaligen Zeit waren dafür eigentlich gar nicht geeignet (Imhof, 2010), zumal die Spezies Equus caballus ohnehin nicht von der Evolution als prädestinierter Lastenträger, sondern eigentlich als schneller, wendiger Ausdauerläufer für die Steppe konstruiert wurde (Richter, 2014).

Zwar nutzten auch die asiatischen Reitervölker ihre Pferde exzessiv und ritten teilweise zwischen 100 und 150 km pro Tag, doch verfügten sie über Ponys, die über einen sehr langen Zeitraum auf harte Hufe gezüchtet worden waren (Imhof, 2010). Die Pferde, welche unter Einfluss des harten Steppenbodens mit Reitergewicht aufgrund übermäßiger Abnutzung der Hufe lahm waren, wurden von den Mongolen schlicht geschlachtet und gegessen (Imhof, 2010). Zusätzlich führte jeder Reiter abgesehen von seinem Reittier zwei bis drei weitere Ponys als Austauschpferde mit sich, sodass die asiatischen Reitervölker praktisch keine Probleme mit den Hufen ihrer Pferde zu verzeichnen hatten (Imhof, 2010).

Ebenso können die Hufe von Arabischen Vollblütern nach landläufiger Meinung als äußerst hart, widerstandsfähig und abriebfest beschrieben werden. Dies kann sicherlich gnadenloser, zweitausend Jahre langer Selektion, in einer der rausten Umgebungen, die der Planet zu bieten hat, zugeschrieben werden. Im Gegensatz dazu verlor Alexander der Große bei seinen Eroberungsfeldzügen im Sattel europäischer Rassen über den halben Eurasischen Kontinent eine Vielzahl von Pferden (Fürst, et al., 2001). Aufgrund übermäßiger Abnutzung ihrer Hufe, musste man die lahmen Pferde zurücklassen, was seine Armee sicherlich unter einer Vielzahl anderer Probleme wie Krankheiten, Nahrungsmittelknappheit und der Moral seiner Soldaten zusätzlich erheblich schwächte (Fürst, et al., 2001).

Auch XENOPHON (430 v.Chr. – 355 v. Chr.) ein griechischer Feldherr, wusste sehr wohl um jene Problematik (Leisering & Hartmann, 1886). Der Autor ist nebst seiner Werke über die Kriegsführung, außerdem für das erste bedeutende hippologische Schriftwerk, namens „ἸΠΠΑΡΧΙΚὸΣ ἢ ΠΕΡὶ ἱΠΠΙΚῆΣ“, oder für die Mehrheit unter uns, die des Altgriechischen nicht mächtig ist, „ÜBER DIE REITKUNST“, bekannt. Er beschrieb, dass die Pferde im Stall und an den Anbinde- wie Putzplätzen stets auf Steinboden stehen sollen, damit ihre Hufe so hart als irgend möglich werden konnten (Leisering & Hartmann, 1886).

Dem gebrauchsbedingten Verschleiß versuchten die Menschen schon in frühester Zeit mit einem, wie auch immer gearteten Hufschutz zu begegnen (Imhof, 2010). Die übermäßige Abnutzung hatte sich offensichtlicher Weise als ein erheblicher Mangel des Pferdes erwiesen und sich für dessen Gebrauch als Nutztier wohl auch möglicherweise als erstlimitierend herausgestellt (Imhof, 2010). Die früheste Form eines Hufschutzes ist für das 14. Jahrhundert vor Christus in Ägypten belegt (Imhof, 2010). Erste schriftliche Überlieferungen der Existenz von Hufeisen finden sich aber erst aus dem 9. Jahrhundert in der militärischen Anordnung Kaiser Leos IV. von Konstantinopel, in welcher von halbmondförmigen Hufeisen mit Nägeln die Rede ist (Leisering & Hartmann, 1886).

Auch die vom römischen Geschichtsschreiber TACITUS (58 n.Chr. – 120 n.Chr.) zynischer Weise gerne als „Barbaren" titulierten Germanen wie Gallier, schienen bereits vor Christi Geburt eine Form von Hufbeschlag mit Nägeln gebraucht zu haben (Leisering & Hartmann, 1886). Dies lässt sich aus der Sitte, unter anderem sein Lieblingspferd samt Hufeisen mit ins Grab zu nehmen, mit großer Sicherheit schließen (Leisering & Hartmann, 1886). Es fanden sich beispielsweise zahlreiche gallische Gräber, in welchen etwa 90 - 120 g schwere Hufeisen, zum Teil ausgestattet mit Stollen sowie sechs Nagellöchern nebst Nägeln entdeckt wurden, die mancherorts auf das 6. Jahrhundert vor Christus datiert werden konnten (Leisering & Hartmann, 1886). Es ist anzunehmen, dass die Druiden damals für die Fertigung der Bronzeeisen und den Beschlag der Pferde verantwortlich waren (Leisering & Hartmann, 1886).

Auch die Griechen und Römer versuchten eine Strategie gegen die Hornabnutzung zu entwickeln und erfanden die von den Römern so titulierten soleae sparteae, um ihr Megaimperium mittels des Pferdes zu verwalten und zu erweitern (Imhof, 2010). Diese aus Stroh gefertigte Sohle brachte jedoch ihrerseits diverse Nachteile mit sich, wie der griechische Tierarzt ABSYRTOS berichtet (Imhof, 2010). Er galt als bedeutendster Pferdearzt seiner Zeit und lebte zur Zeit des römischen Kaisers Konstantin des Großen (272 n.Chr. – 337 n.Chr.) (von den Driesch, 1993). Die Pferdesandalen verursachten, so der Autor, Scheuerstellen durch ihre Befestigung, die ihrerseits als unbefriedigend bewertet werden musste, da sie durch Seile um die Fesseln erfolgte (Imhof, 2010).

Die soleae sparteae waren verständlicherweise von nur kurzer Lebensdauer gezeichnet, weshalb höchst wahrscheinlich die Idee aufkam, diese Strohsandalen mit Eisenplatten zu verstärken, um ihre Haltbarkeit zu verlängern (Imhof, 2010). Möglicherweise ähnelten diese Konstruktionen, die sogenannten soleae ferreae, den bereits durch archäologische Funde belegten Hipposandalen, die ebenfalls von den Römern entwickelt wurden. Dies jedoch dürfte bar einer näheren Beschreibung der soleae ferreae bei einem der antiken Schriftsteller, unmöglich zu beweisen sein (Imhof, 2010). Was die Hipposandalen betrifft, so ist bei PLINIUS (23 n.Chr. – 79 n.Chr.) überliefert, dass die Maultiere der Popea (30 n.Chr. – 65 n. Chr.), der zweiten Gemahlin des Nero (37 n.Chr. – 68 n. Chr.), sogar goldene Exemplare trugen, was wohl angesichts Neros domus aurea noch als bescheiden gelten mag (Leisering & Hartmann, 1886).

Wie es schließlich jedoch im Detail zur Erfindung des bis heute gebräuchlichen Hufeisenbeschlags kam, ist überdies genauso wenig überliefert, weshalb man sich weiterhin mit Mutmaßungen wird begnügen müssen (Imhof, 2010). IMHOF (2010) stellt in seinem Artikel „**DIE GESCHICHTE DES HUFBESCHLAGS**" zu dieser ungeklärten Frage allerdings eine sowohl interessante, als auch plausibel erscheinende Theorie auf. So ist bereits bei HERODOT (490 v.Chr. – 530 v. Chr.), einem griechischen Geschichtsschreiber, wohl mit einiger Verblüffung zu lesen, dass die Reitervölker in der Lage waren, mit ihren Pferden über gefrorene Gewässer zu galoppieren (Imhof, 2010). Obwohl die Pferde der Reitervölker durchaus als äußerst trittsicher bekannt waren, wird es wohl selbst ihnen dennoch nicht möglich gewesen sein, ohne irgendeine Art von Gleitschutz überhaupt über Eis zu reiten, geschweige denn im gestreckten Angriffsgalopp (Imhof, 2010).

IMHOFS (2010) Vermutung geht also dahin, dass die Reitervölker spitze Nägel in die Hufe ihrer Reitpferde geschlagen haben, um deren „Grip" auf glattem Terrain zu erhöhen. Diese erstaunliche Fähigkeit der Reitervölker hat wohl auch bei den römischen Truppen für einen Überraschungsmoment par excellence gesorgt, als sie in Kriegsangelegenheiten auf das eine oder andere derjenigen Völker stießen (Imhof, 2010). IMHOFS (2010) These jedenfalls gründet sich auf die Tatsache, dass die Reitervölker zu beschriebenem Zwecke bereits wussten, dass man in die nervenlose Hufwand eines Pferdes getrost Nägel einschlagen konnte, ohne größeren Schaden anzurichten. Außerdem pflegten die Griechen regen Handel mit einem benachbarten Reitervolk, nämlich mit den, im Vergleich zu den kultivierten Griechen, eher primitiv lebenden und handwerklich äußerst begabten Skythen, die im Übrigen außerdem für ihre hervorragenden Pferde bekannt waren (Imhof, 2010). Daher läge natürlich der Schluss nahe, dass durch diese Handelsbeziehungen auch ein Austausch von Kultur und Technologie stattgefunden hat (Imhof, 2010).

Wenn also ein findiger, skythischer Schmied den griechischen Hufschutz namentlich die soleae ferreae kannte, gleichzeitig um dessen Nachteile in Bezug auf ihre Befestigung wusste, und ihm überdies bekannt war, dass es nicht nur möglich, sondern in seinem Volk geradezu Usus war, in die Hufwand der Pferde Stollennägel zu treiben, liegt beinahe kein Schluss näher, als dass er auf die Idee kam, die beiden Technologien zu kombinieren und die soleae ferreae mit den skythischen Nägeln am Huf zu befestigen (Imhof, 2010). Dies wäre sowohl eine Sternstunde des technologischen Fortschritts gewesen, die sich da vielleicht so, oder so ähnlich in der primitiven Hütte eines skythischen Schmieds ereignet hätte, als auch die Geburtsstunde des modernen Hufbeschlags.

Beweisen wird sich diese Theorie aber wohl weit über zweitausend Jahre später nicht mehr lassen. Offensichtlich scheint jedoch, dass diese Erfindung fortan stetig weiterentwickelt wurde (Imhof, 2010). Ein weiterer Meilenstein auf dem Weg zum modernen Hufeisenbeschlag war zum Beispiel die Idee, die Nägel nicht nur ins Horn zu schlagen, sondern sie exakt so in der Hufwand zu versenken, dass sie Richtung dorsal wieder aus der Hufwand austraten und anschließend umgebogen werden konnten, sodass eine feste Vernietung entstand (Imhof, 2010). Auf diese Weise wurde aus dem antiken Wegwerfartikel ein dauerhafter Hufschutz. Die vormals lediglich senkrecht eingeschlagenen Nägel führten nämlich dazu, dass sich der Hufschutz durch das Gewicht des Eisens und die Erschütterung im Lauf lockerte und jenes in der Folge schlicht relativ schnell herunterfiel (Imhof, 2010).

Anfangs war das Hufeisen wohl nur für den Sturmangriff zu gebrauchen, genauer zum Schutz vor „Hufmienen" (Imhof, 2010). Diese aus dem Boden ragenden Wiederhaken wurden vom Gegner damals anscheinend mit Vorliebe vor der Frontlinie verteilt, um der Kavallerie der feindlichen Armee empfindlich zu schaden (Imhof, 2010).

Ein geschichtlicher Abriss zum Verständnis des Hufmechanismus

Mit den Jahrhunderten entwickelte der Mensch also durch viele geistreiche Ideen den modernen Beschlag, nur um eines Tages festzustellen, dass sich der Beschlag von Pferden mutmaßlich negativ auf dessen Hufmechanismus auswirkt (Brücher, 1876). Der Hufbeschlag muss angesichts der eingehend beschriebenen Folgen im Falle des Nichtgebrauchs eines solchen, sowohl als das geringere, als auch ein notwendiges Übel bezeichnet werden (Brücher, 1876).

In früherer Zeit war das Pferd eindrucksvollerweise so unentbehrlich, dass die „Thierheilkunde" im Grunde mit „Pferdeheilkunde" gleichgesetzt werden konnte, weshalb die frühe Wissenschaftsgeschichte der „Thierheilkunde" folgerichtig ebenso die der Pferdeheilkunde nachzeichnet (Brücher, 1876). Insbesondere befassten sich diese Pferdeärzte, die daher gemeinfasslich auch als „Kurschmiede" (Brücher, 1876) betitelt wurden, was an sich ohnehin bereits bezeichnend ist, mit dem scheinbar wichtigsten und hoch empfindlichen Körperteil: dem Huf (Brücher, 1876).

Der Huf war damals eines der wertbestimmenden Merkmale eines Pferdes, nicht, wie in moderneren Tagen die Bewegungsqualität, das Springvermögen oder die Abstammung – und erhielt vom Pferdehalter dementsprechend größte Aufmerksamkeit (Brücher, 1876). Über Jahrhunderte der menschlichen Nutzung hatte sich herausgestellt, dass dieser äußerst anfällig und trotzdem essenziell für die Nutzung des Tieres ist (Brücher, 1876).

BRÜCHER (1876) zumindest forderte ebendies und lies dem Huf konsequenter Weise sodann auch in seinem Werk „**GRUNDZÜGE DER MECHANIK DES HUFES UND EINER DARAUF GESTÜTZTEN NATURGEMÄSSEN DIÄTETIK DESSELBEN**" aus dem Jahre 1876 eine äußerst eloquente Hommage zu Teil werden, welche ganz nebenbei in Beziehung auf gegenständlichen Sachverhalt, den Nagel geradezu auf den Kopf trifft. Er schreibt, dass kein anderer Körperteil des Pferdes als der Huf stärkerer Belastung ausgesetzt ist und folglich an diesen größte Ansprüche gestellt werden (Brücher, 1876). Dies nämlich insofern, als dass der Huf schlussendlich den Körper des Pferdes sowie überdies das Gewicht, der vom Menschen zusätzlich aufgebürdeten Lasten zu tragen hat (Brücher, 1876). Um diesen Belastungen Stand zu halten, so BRÜCHER (1876), hätte die Evolution den Huf auf kleinstem Raum wie ein architektonisches Meisterwerk mit zahllosen stoßbrechenden Einrichtungen ausgestattet (Brücher, 1876).

Der Huf war also von so zentraler Bedeutung für Forschung wie Praxis und wurde derart stark in den Fokus selbiger gerückt, dass sich solche allseits bekannten Aussprüche wie Der Huf ist das Pferd, bilden konnten (Brücher, 1876). Daher ist es nun wohl kaum mehr verwunderlich, dass seit der Entdeckung des Hufmechanismus in der Fachwelt heiß über dessen wahre Natur und Wirkung auf das Gesamtsystem diskutiert wird, sowie über den Einfluss des Beschlags auf denselben (Rasch, 2015). Weiterhin wird über die Frage, wie denn nun der korrekte Beschlag in Rücksicht auf den Hufmechanismus auszusehen hätte, spekuliert und geforscht (Rasch, 2015).

Allein die Definition des Hufmechanismus stellt den Wissbegierigen vor eine Herausforderung, denn da beginnt genau genommen bereits die Uneinigkeit. Angesichts der Tatsache, dass beinahe jede einzelne wissenschaftliche Arbeit der letzten 250 Jahre zu einer eigenen Definition kommt, die sich allesamt mehr oder minder stark voneinander unterscheiden, scheinen die Differenzen doch beträchtlich. Einzig das Verständnis des Hufmechanismus als wie auch immer geartete Verformung des Hufs unter Belastung ist ihnen allen gemeinsam.

Prinzipiell allgemein gehalten definiert zum Beispiel BRÜCHER (1876), dass der Huf nicht nur durch seine Elastizität im Gesamten, sondern vielmehr auch in der Beweglichkeit jeden noch so kleinen Bestandteiles, die Voraussetzungen schafft, um allen Anforderungen gerecht zu werden und zwar ohne schädliche Auswirkungen auf den Huf selbst oder das Pferd. Diese Elastizität der einzelnen Hufbestandteile und ihr Zusammenwirken nenne man demnach Hufmechanismus (Brücher, 1876). STASHAK (1989) lässt sich in seinem Grundlagenwerk für Tierärzte und Hufschmiede „**ADAMS´ LAHMHEIT BEI PFERDEN**“ mutmaßlich schon aus gutem Grunde, zu keiner gegenständlichen, allenfalls sparsamen Definition des Hufmechanismus, lediglich als eine Erweiterung der hinteren Hufteile (S. 825) hinreißen (Stashak, 1989).

Im Gegensatz dazu verlieren sich RUTHE ET AL. (2012) deutlich mehr im Detail. Dort heißt es, das Hufbein ziehe während der Stützbeinphase am Hufbeinträger und würde folglich die entsprechenden Wandteile mit nach unten ziehen (Ruthe, et al., 2012). Durch diesen Zug nach distal, sowie die Tatsache, dass die Hornwand selbst nur minimal elastisch sei, neigten sich die Wandteile um die Hufspitze herum nach caudal/distal (Ruthe, et al., 2012). Diese Bewegung würde Richtung Tragrand gegen Null konvergieren und mit bis zu 1,5 mm am Kronrand im Zehenbereich seine maximalen Ausmaße erreichen (Ruthe, et al., 2012). Im hinteren Bereich des Hufs, also hinter der weitesten Stelle, zeigte sich eine Absenkung des Kronbeins und dadurch eine Erweiterung nach außen von Hornwand und Kronrand im Trachtenbereich (Ruthe, et al., 2012). Die Sohle, wie der Strahl nähern sich durch eine Abflachung des Sohlengewölbes dem Boden an, was aus einer Rotation des Hufbeins nach caudal/distal und des Absinkens des Kronbeins resultiere (Ruthe, et al., 2012). Zusätzlich führte die Abflachung des Sohlengewölbes zu einer Erweiterung des Trachtentragrandes (Ruthe, et al., 2012).

Daher würden dieser Definition sicherlich einige Wissenschaftler im Allgemeinen und die Verfechter der Hufrotationstheorie im Besonderen sicherlich nicht zustimmen. Zuweilen könnte sich einem also verständlicherweise der Gedanke aufdrängen, dass man, würde man vier Experten zu ihrer Meinung in Sachen Hufmechanismus befragen, wahrscheinlich mindestens sechs verschiedene Theorien, Ansätze und Erklärungsversuche zur Antwort bekäme.

Ein geschichtlicher Abriss der Hufmechanismusforschung und ihre Konsequenzen für den Beschlag

Frühe Forschung von 1754 bis 1876

Erstmals dokumentiert wurde die Entdeckung einer Elastizität des Pferdehufs im Jahre 1754 von Sieur Étienne-Guillaume LA FOSSE (1754) (Rasch, 2015), der seinerzeit als Hufschmied von König Ludwig XV. von Frankreich (1710 – 1774) im Dienste der Krone stand und die Pferde seiner königlichen Hoheit beschlug (La Fosse, 1755). LA FOSSE ging davon aus, dass die Verformung der Hufkapsel, die er beim Auf- und Abfußen des Pferdes beobachtet hatte, durch das Be- und Entlasten der entsprechenden Gliedmaße mit dem Körpergewicht verursacht werde und auf die Elastizität des Hufhorns selbst zurückzuführen sei (Rasch, 2015). Der Franzose galt mit der Veröffentlichung seines Buches „OBSERVATIONS ET DÉCOUVERTES FAITES SUR DES CHEVAUX, AVEC UNE NOUVELLE PRATIQUE SUR LA FERRURE" von 1754 nicht nur auf dem Gebiet der Beschlagstechnik, sondern auch im Bereich der modernen Veterinäranatomie und -medizin als Vordenker (La Fosse, 1755).

LA FOSSE (1754) führte umfangreiche Studien der Anatomie, insbesondere des Pferdehufs durch und gewann so wertvolle Erkenntnisse (La Fosse, 1755). Ausgehend von seinen Entdeckungen bei der Sektion einer Vielzahl erkrankter Pferde, versuchte er adäquate Behandlungsmöglichkeiten zu entwickeln (La Fosse, 1755). Bereits zu damaliger Zeit war LA FOSSE (1754) in der Lage, verschiedene Erkrankungen des Hufs zu diagnostizieren und zu therapieren (La Fosse, 1755). Des Weiteren postulierte er die Idee, dass der Beschlag von Pferden weniger schadhaft sei und sich in der Tat Fortschritte in der Arbeit seiner Zunft einstellten, würden die Hufschmiede ihre Arbeit stärker auf die Erkenntnisse der Anatomie gründen (La Fosse, 1755). Weiter konstatierte er, dass keine Diagnose oder zielführende Behandlung einer Erkrankung möglich sei, wenn man nicht die wahre Natur derselben genau verstehe (La Fosse, 1755).

Aufgrund seiner umfangreichen anatomischen Kenntnisse, Beobachtungen und langjähriger Erfahrung als Hufschmied des Königs, erkannte LA FOSSE (1754) alsbald, dass die bisher angewandte Beschlagstechnik ungünstige Auswirkungen auf das Pferd zur Folge hat. Daraufhin veröffentlichte er in seinem oben genannten Buch eine eigene, neue Art Pferde zu beschlagen, welche unserer heutigen Praxis nicht unähnlich war (La Fosse, 1755).

Im Frankreich des 18. Jahrhunderts wurde mit sehr breiten und langen Eisen beschlagen, welche sich nach dorsal hin zu einem Keil verdickten, sodass im Ergebnis die Trachten hochgestellt waren (La Fosse, 1755). Dies sollte jenem Zwecke dienlich sein, dass Strahl und Sohle nicht mit dem Boden in Kontakt kamen (La Fosse, 1755). Das war eine notwendige Maßnahme, da Strahl und Sohle im Geiste der Perfektion sehr stark ausgeschnitten wurden und sich daher äußerst anfällig für externe Einwirkung zeigten (La Fosse, 1755). LA FOSSE (1754) schlug nun vor, ausgehend von den mannigfaltigen Nachteilen, die diese Beschlagstechnik mit sich brachte, Sohle und Strahl so wenig wie möglich zu bearbeiten. Außerdem sollte das Pferd mit Eisen einheitlicher Stärke beschlagen werden, die nicht größer waren als notwendig wurde, um den Huf vor übermäßiger Abnutzung zu schützen (La Fosse, 1755). Obwohl LA FOSSE (1754) seine Thesen entgegen dem Mainstream der damaligen Zeit vertrat und bisweilen zu unorthodoxen Methoden griff, wurde er für seine Entdeckungen in der internationalen Fachwelt im Zeitalter der Aufklärung hoch geschätzt (La Fosse, 1755).

Erst 64 Jahre später, im Jahre 1810, griff der Engländer BRACY CLARK (1810) LA FOSS´ (1754) Arbeit wieder auf und forschte seinerseits auf dem Gebiet des Hufmechanismus, jedoch mit etwas differierendem Ergebnis (Rasch, 2015). CLARK (1810) war der Ansicht, dass der anatomische Aufbau aus Wand, Sohle sowie Strahl für die Elastizität der Hufkapsel verantwortlich zeichnete (Rasch, 2015). Abgesehen davon, gewichtete er ebenso die Abflachung des Sohlengewölbes und eine auf die Trachten erweiternd wirkende Kraft des Strahls mittels des Bodengegendrucks stärker als LA FOSSE (1754) (Rasch, 2015).

In den späten vierziger Jahren des 19. Jahrhunderts wurden dann schließlich erste Messversuche des Hufmechanismus von GLOAG (1849) angestellt. Den Ergebnissen zufolge fände sich keine Trachtenerweiterung und Sohlensenkung, wie von CLARK (1810) beobachtet, sondern die Bewegungen des Hufschuhs seien eine wenig ausgeprägte Senkung der Ballen sowie des Strahls (Rasch, 2015). Ebendies wurde 1850 von REEVE (1850) widerlegt (Rasch, 2015). Er konstatierte, genau das Gegenteil sei der Fall (Leisering & Hartmann, 1886). Er beschlug Pferde mit Hufeisen, die mit einem Quersteg über der Strahlspitze und zwei Seitenstegen von den Schenkelenden bis zum Quersteg ausgestattet waren (Leisering & Hartmann, 1886). In jeden Steg brachte er drei Löcher ein, in welche er nach dem Beschlagen zugespitzte, mit Teer getränkte Stifte einbrachte (Leisering & Hartmann, 1886). Diese wurden in nächster Nähe zur Sohle angebracht, ohne dieselbe jedoch zu berühren (Leisering & Hartmann, 1886). In den schwunghaften Gangarten hinterließen die Dornen neun klar erkennbare Punktionen der Sohle und konnten auf diese Weise eine Sohlensenkung beweisen (Leisering & Hartmann, 1886). Ähnliche Ergebnisse fanden auch BOULEY (1851) und MILES (1852).

BRÜCHER (1876) publizierte 24 Jahre später seine „**GRUNDZÜGE DER MECHANIK DES HUFES UND EINER DARAUF GESTÜTZTEN NATURGEMÄSSEN DIÄTETIK DESSELBEN**", welche bereits in den vorangegangenen Kapiteln gewisse Beachtung gefunden haben. BRÜCHER (1876) fordert aber abgesehen von seiner Darstellung der Bedeutung des Hufes überdies, dass keine Untersuchung des Hufmechanismus einen Wert habe, wenn sie nicht unter Einbeziehung der natürlichen Verhältnisse und des ganzen Pferdes in der Bewegung geschieht (Brücher, 1876). Die Beschreibung „des ganzen Pferdes" ist hierbei sowohl wörtlich, als auch im Sinne der ganzheitlichen Betrachtung des lebenden Pferdes zu verstehen.

Der Autor räumt zwar ein, dass es durchaus möglich sei, eine Untersuchung des Hufmechanismus auch durch rein theoretische Überlegungen, oder Versuche an halben, ganzen, oder sonst irgendwie abgetrennten Hufen und Gliedmaßen durchzuführen (Brücher, 1876). Trotzdem würde jene Methode aufgrund des äußerst komplexen Systems Pferd und speziell des damit verwobenen Systems Huf zwangsläufig immer nur ungenügende Ergebnisse zu Tage fördern (Brücher, 1876). Dies habe den Hintergrund, dass das gesamte Ausmaß der Einflussfaktoren und Vorgänge, die auf den Hufmechanismus einwirken in einer Laborumgebung nicht naturgemäß abgebildet werden können (Brücher, 1876). Dabei bleibt zu bemerken, dass BRÜCHER (1876) diese Aussage unter den technischen Voraussetzungen des 19. Jahrhunderts traf, weshalb fraglich bleiben wird, ob er genauso argumentiert hätte, hätte er über moderne Techniken, wie hochmoderne Computermodelle, CT, MRT, Highspeed-Kameras etc. verfügt, oder zumindest Kenntnis darüber erlangt.

Wobei, um der ganzheitlichen Betrachtung dieser hypothetischen Frage die Ehre zu geben, sicherlich weder ganz außer Acht gelassen werden darf, dass unsere modernen Techniken in 200 Jahren vermutlich genauso primitiv wirken, wie deren Tastzirkel und Hufextasimeter mit Millimeterbohrung im heutigen 21. Jahrhundert, noch zu unterschlagen, dass es den modernen Forschen trotz dieser Techniken immer noch nicht gelungen ist, den Hufmechanismus vollumfänglich zu erklären.

BRÜCHER (1876) indes beschreibt den Hufmechanismus gemäß seiner Auffassung aufgrund dessen, was er am lebenden Pferd in der Bewegung beobachtet und kombiniert dies mit umfassenden Kenntnissen der Anatomie. Er teilt den Hufmechanismus schließlich in zwei Bereiche ein: den inneren und den äußeren Hufmechanismus (Brücher, 1876).

Der äußere Mechanismus beschreibt den Zusammenhang des „Schenkelmechanismus", also der Gelenkbewegungen und Gewichtsverteilungen in der oberen Gliedmaße, mit den drei Phasen des Auffußens (Brücher, 1876). Namentlich sind dies die erste Phase mit der Berührung des Erdbodens durch das Zehenteil, die zweite Phase mit dem Einfallen der Last und die dritte Phase mit dem Herabsinken des Fesselgelenks (Brücher, 1876).

Der innere Hufmechanismus widmet sich den genauen Vorgängen in der Hufkapsel selbst (Brücher, 1876). Zunächst würde sich demnach in der ersten Phase das Hufbein nach vorne unten bewegen, soweit dies die Huflederhaut zuließe (Brücher, 1876). Zudem würde die Kronenwulst zusammengepresst und die gesamte Sohle gemäß ihrer Elastizität nach unten und der Tragerand folglich auseinandergedrückt (Brücher, 1876). Ein Herabsinken der gesamten Hornwand sieht BRÜCHER (1876) jedoch nicht bestätigt, denn dies würde eine Quetschung der Weichteile zur Folge haben, welche jedoch offensichtlicher Weise unterbliebe. In der zweiten Phase würde das Kronbein zusammen mit dem Hufbein nach unten auf das Strahlbein und die tiefe Beugesehne gedrückt (Brücher, 1876). In der Folge würde nun jene das darunterliegende Strahlkissen und dieses wiederum den Strahl nach unten drücken (Brücher, 1876). Gleichzeitig entstünde nun der Gegendruck des Bodens auf Sohle und Strahl (Brücher, 1876). Zudem erweiterte sich die hintere Hornwand auf Druck der nach abwärts und außen bewegten Hufknorpel (Brücher, 1876). Zudem würde sich der Tragrand im Trachtenbereich, die Eckstreben insbesondere, nach außen unten bewegen, soweit dies die Hufbeinäste zuließen (Brücher, 1876). Ferner würden sich Sohlen- wie Wandbogen über das Maß ihrer eigenen Elastizität hinaus nun auch im Ganzen senken (Brücher, 1876). Die Elastizität des Hufhornes sei hierbei natürlich mit hoher Bedeutung versehen und als Voraussetzung für den Hufmechanismus selbst zu verstehen (Brücher, 1876).

Die letzte Phase beschreibt das Herabsinken des Fesselgelenks und wird daher nicht mehr dem Hufmechanismus im eigentlichen Sinne zugeschrieben (Brücher, 1876). Überdies sei anzumerken, dass bereits BRÜCHER (1876) eine möglichst naturgemäße Haltung der Pferde, insbesondere freie Bewegungsmöglichkeit fordert und die damals, zumindest für Luxustiere, übliche Ständerhaltung als goldenen Käfig scharf kritisiert (Brücher, 1876). Ebenso wie die Angewohnheit einiger Zeitgenossen, Hufprobleme dem Beschlag mit Eisen und nicht diesen prekären Haltungsbedingungen anzulasten, die laut BRÜCHER (1876) weit größere Schäden an den Tieren verursachen. Dies sieht er darin bestätigt, dass so manches Arbeitspferd, welches im Laufstall gehalten wird, eine gute Hufqualität, trotz dürftigen Beschlags aufweist und das Luxuspferd, welchem bester Beschlag zu Teil wird, bald jedoch erhebliche Mängel aufweist (Brücher, 1876).

Obschon der Autor, welcher als „Anwalt der Pferde“ in Erscheinung tritt, sicherlich keinen fehlerhaften Beschlag gutheißt, wie er ausdrücklich deutlich macht (Brücher, 1876). So kommt BRÜCHER (1876) schließlich zu vier wesentlich notwendigen Maßnahmen, um den Huf lange gesund zu erhalten und dem Hufmechanismus Rechnung zu tragen. Wichtig erscheint ihm so die Feuchtigkeit des Hufes zu erhalten, Strahl und Sohle den notwendigen Gegendruck durch natürlichen Erdboden zu verschaffen, dem Pferd die Möglichkeit zur freien Bewegung zu gewähren und den Huf gemäß der natürlichen, korrekten Stellung zu bearbeiten und zu erhalten (Brücher, 1876).

BRÜCHER (1876) schlägt also nichts anderes vor, als das Pferd nicht im Ständer, sondern in einer Box zu halten, für nicht allzu trockenen Boden in der Box zu sorgen und die Hufe regelmäßig zu reinigen. Außerdem zeigt er sich nicht als Befürworter von reiner Weidehaltung, da hier, so BRÜCHER (1876), aufgrund mangelnder Abwechslung des Untergrundes die Zehe zu lang werde.

Den Beschlag betrachtet BRÜCHER (1876) als ein Übel, aber ein Notweniges, um die Sohle vor hartem Bodenbelag in der Stadt und die Hufe vor übermäßiger Abnutzung zu schützen. Der Autor empfiehlt, die Pferde regelmäßig auszuschneiden, um den Kontakt der Sohle und des Strahls mit dem Boden und eine regelmäßige Stellung der Hufe zu erhalten, sowie die Nägel nur dort einzuschlagen, wo sie die Erweiterung der Hornwand nicht behindern (Brücher, 1876).

Dr. Leisering und Hartmann 1886 – die Erweiterungstheorie

Im Jahre 1886 veröffentlichten DR. LEISERING UND HARTMANN (1886) ihre Forschungsergebnisse zum Hufmechanismus in ihrem Buch „**DER FUß DES PFERDES IN RÜCKSICHT AUF BAU, VERRICHTUNGEN UND HUFBESCHLAG – GEMEINFAßLICH IN WORT UND BILD DARGESTELLT**“. Weil dieses Werk als historisches Standardwerk angesehen werden kann, soll ihm im Folgenden eingehendere Betrachtung zuteilwerden. LEISERING, der sich dem ersten Buch widmete, war zu jener Zeit geheimer Medicinalrath (sic.) des preußischen Königs und Professor der Anatomie an der königlichen Thierarzneischule (sic.) zu Dresden (Leisering & Hartmann, 1886). Hartmann dagegen, der für das zweite Buch als Verfasser verantwortlich zeichnete, war seinerzeit Lehrer des theoretischen und praktischen Hufbeschlags, ebenfalls an der königlichen Thierarzneischule (sic.) zu Dresden (Leisering & Hartmann, 1886). Im dritten Kapitel „**VON DEN MECHANISCHEN VERRICHTUNGEN DES FUßES**“ des ersten Buches beschreibt LEISERING (1886) in ausführlicher Weise seine Ergebnisse zum Hufmechanismus und diskutiert die Ergebnisse anderer Forscher seiner Zeit.

LEISERING (1886) leitet den Hufmechanismus, oder vielmehr in seinem Sinne die Hufmechanismen, von der Gewichts- und Stoßverteilung im Stand und in der Bewegung, sowie in der Folge von deren Wirkungen im Körper her ab. Daher kommt er nach erschöpfenden Erläuterungen zu seiner Definition des Systems Hufmechanismus (Leisering & Hartmann, 1886).

Nach LEISERING (1886) sei der Hufmechanismus auf den Punkt gebracht nichts weiter, als die Gesamtheit der Veränderungen des Hufes und seiner Bestandteile während des Einfallens der Last.

Die Autoren unterscheiden zwei Teile des Hufmechanismus (Leisering & Hartmann, 1886). Einerseits gäbe es den Hufbeinmechanismus, andererseits den Strahlbeinmechanismus (Leisering & Hartmann, 1886). Diese differenzierte Betrachtung führen sie darauf zurück, dass sich Huf- und Strahlbein, welche sich die Gelenkfläche im Hufgelenk zwei Drittel zu ein Drittel teilten, auf unterschiedlichen Gewebestrukturen befänden und aus diesem Grund die Vorgänge im Huf, obwohl sie fast gleichzeitig vonstattengehen, trotzdem hinsichtlich ihrer Entstehung grundverschieden sind und deshalb nicht miteinander verwechselt werden dürfen (Leisering & Hartmann, 1886).

Davon ausgehend, dass die Belastung dieser beiden Strukturen unterschiedliche Wirkungen zu Tage brächten, untersuchten und betrachteten sie beide Strukturen getrennt voneinander (Leisering & Hartmann, 1886). Der Hufbeinmechanismus beschreibt die Auswirkungen des Herabsinkens des Hufbeines in der Hufkapsel beim Auffußen (Leisering & Hartmann, 1886). Namentlich seien diese, so LEISERING (1886), die Verengung der Hufwand in ihrem ganzen Umfang, besonders aber im Bereich des Kronrandes, sowie das Herabsinken der Sohle im Zehenbereich im Sinne eines Druckausgleichs.

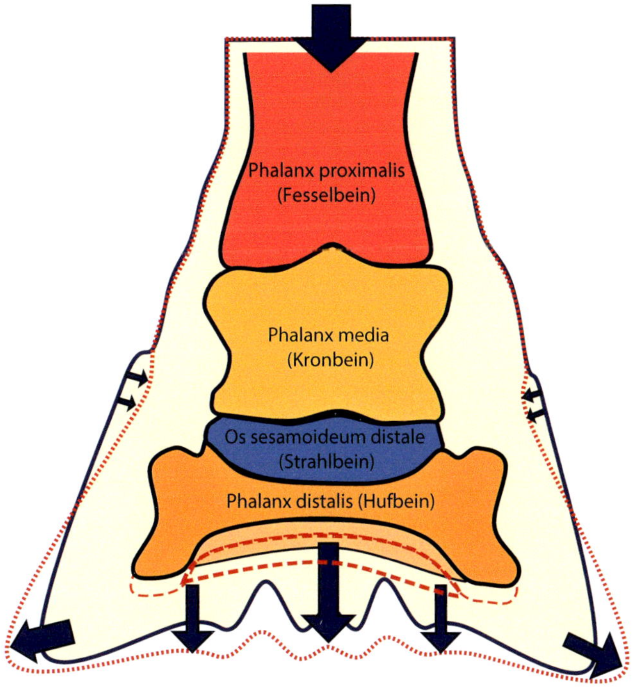

Abbildung 1: Hufmechanismus nach der allgemeinen Erweiterungstheorie in der Palmaransicht. Die gestrichelte Linie zeigt den Huf im Moment der Belastung.

Der Strahlbeinmechanismus wiederum, diente dem Druckausgleich im Trachtenbereich (Leisering & Hartmann, 1886).

Durch das Herabsinken des Strahlbeines auf die tiefe Beugesehne und das Strahlkissen, drückte sich dieses in zwei Vertiefungen des Strahls ein (Leisering & Hartmann, 1886). Dies bewirkte eine Erweiterung der mittleren Strahlfurche sowie das Absenken des Strahls auf den Boden (Leisering & Hartmann, 1886). In der Folge entstünde Druck desselben lateral gegen die Eckstreben zu beiden Seiten, wodurch sich diese unter anderem minimal nach außen bewegten und der Erweiterung des unteren Teils der Trachtenwand (2-3mm) auf diese Weise gewisse Grenzen setzten (Leisering & Hartmann, 1886).

Durch diesen Vorgang würde nicht nur die Verengung der Hufkapsel im Trachtenbereich aufgehoben, sondern jene darüber hinaus sogar etwas erweitert (Leisering & Hartmann, 1886). Die Hufknorpel, welche mit dem Strahlkissen verbunden seien, führten außerdem zu einer Erweiterung des oberen Trachtenwandbereichs (2-4mm), die meist stärker ausgeprägt vorgefunden würde, als jene im unteren Teil (Leisering & Hartmann, 1886). Diese Erweiterung erstreckte sich aber nicht auf die anderen Bereiche des Hufes, weshalb sich die kronrandnahen Bereiche (1-2mm) der Seitenwände im Moment des Auffußens verengt zeigten, während sich die tragrandnahen Teile derselben erweitert vorfinden ließen (Leisering & Hartmann, 1886).

Um herauszufinden, wie die einzelnen Vorgänge vonstattengehen, experimentierte LEISERING (1886) neben lebenden Subjekten ebenso an abgetrennten Pferdehufen. Er bohrte an verschiedenen, strategischen Punkten Löcher durch die Knochen des vollständigen Hufes, führte anschließend Drähte durch die Kanäle und belastete diese dann mit verschiedenen Gewichten, um die Belastung durch das Pferdegewicht beim Auffußen zu simulieren (aufs Genaueste nachzulesen in seiner Veröffentlichung) (Leisering & Hartmann, 1886). Dabei stellte er tatsächlich Unterschiede zwischen der Belastung des Hufbeines und der Belastung des Strahlbeines fest (Leisering & Hartmann, 1886). Beide jedoch gemeinsam belastet, führten zur ausgeprägtesten Reaktion des Testobjekts (Leisering & Hartmann, 1886).

Um eine Sohlensenkung zu beweisen, verfuhr er, inspiriert durch REEVE (1850), wie folgt: Er befestigte Stäbe an der Sohle des Pferdehufes und brachte unter dem Huf ein Mähnenhaar an (Leisering & Hartmann, 1886). Die Stelle, an der das Mähnenhaar mit dem Stäbchen auf gleicher Höhe war, markierte er mit einem Punkt (Leisering & Hartmann, 1886). Anschließend belastete er den Huf mit Gewichten, genau wie es beim ersten Versuch geschehen war und konnte nun die Senkung als Differenz von Mähnenhaar zum Punkt messen (Leisering & Hartmann, 1886). Dabei stellte LEISERING (1886) fest, dass die Senkung fast doppelt so groß war, berührte der Strahl nicht den Boden.

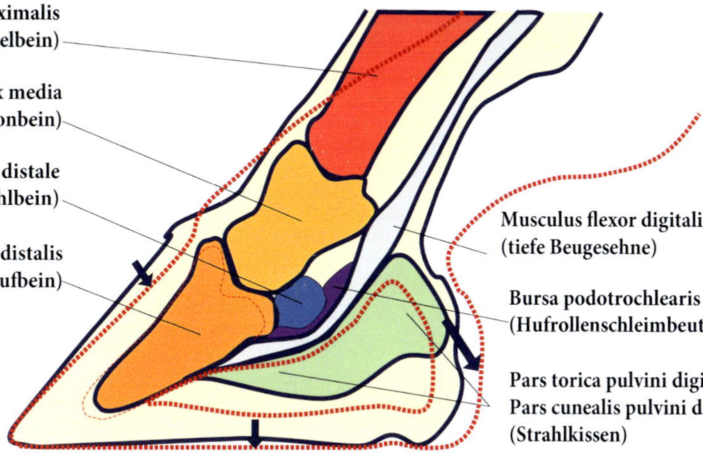

Abbildung 2:
Der Hufmechanismus nach der allgemeinen Erweiterungstheorie. Sagittalschnitt durch die Zehe. Die gestrichelte Linie gibt den Moment der Belastung wieder.

Dr. Jakob Lechner 1871 – die Hufrotationstheorie

Während sich LEISERING (1886) mit seiner Theorie von den Hufmechanismen mehrheitlich dem Tenor seiner Vorgänger im Sinne der Erweiterungstheorie anschloss, gab es aber bereits auch damals schon durchaus Gegner derselben. Allen voran ist hier wohl der Wiener PROFESSOR DR. JAKOB LECHNER (1881) zu nennen, der 1870 in die Professorenkurie des k. k. Thierarzneiinstitutes zu Wien, dem Vorläufer der heutigen Veterinärmedizinischen Universität Wien, berufen worden war (Forstenpointer & Weissengruber, 2002). Sie wurde gegründet im Jahr 1765 von Maria Theresia als k. k. Pferde-Curen- und Operationsschule (Ráczová, 2017). Dort hatte er neben der Forschung am Pferdehuf überdies die medizinische Betreuung des Schönbrunner Tiergartens inne (Ráczová, 2017). LECHNER (1881) formulierte seine neue, eigenständige Hufrotationstheorie vom Hufmechanismus und krönte diese mit der Aussage, einen korrekten Hufbeschlag hätte bis dato eine fehlgeleitete Anschauung bezüglich des Hufmechanismus inhibiert (Leisering & Hartmann, 1886).

Im Folgenden, so berichtet LEISERING (1886), entbrannten heftige Debatten, welche in erschöpfendem Ausmaß den Inhalt zahlloser neuer Fachzeitschriften darstellten (Rasch, 2015). In der Fachwelt herrschte gänzliche Uneinigkeit darüber, wie der Hufmechanismus denn nun wahrhaftig vonstattenginge und es wurde folglich mit teils rein theoretischen, teils durch Versuche belegten Ansätzen als Grundlage leidenschaftlich über den neuesten wissenschaftlichen Streitpunkt, namentlich die Hufrotationstheorie nach LECHNER (1881), diskutiert (Rasch, 2015).

Einig war man sich zu dieser Zeit wohl nur über zwei wesentliche Punkte. Erstens, dass der Hufmechanismus existierte und zweitens, dass die genaue Kenntnis über denselben essenziell für den korrekten Beschlag eines Pferdehufes sei, um präventiv gegen etwaige Stellungsfehler und andere Erkrankungen einzuwirken und die Brauchbarkeit des Pferdes zu gewährleisten (Rasch, 2015); (Walther, 1906).

Dieser kontroversen Hufrotationstheorie zufolge passiert im Huf im Augenblick der größten Belastung jenes: Der gesamte Kronrand spannte sich (Leisering & Hartmann, 1886). Gleichzeitig rotierten Eckstrebenwinkel und Trachtenwände sowie zwischengelegene Bereiche, der Medianlinie des Hufes entgegen (Leisering & Hartmann, 1886). Das hieße, der hintere Teil des Tragrandes bewegte sich nach innen und der Huf verengte sich im unteren Teil (Leisering & Hartmann, 1886). Der Kronrand jedoch erweiterte sich im Moment der Belastung (Leisering & Hartmann, 1886). Dabei stünde, so LECHNERS (1881) Auffassung, der vordere Teil des Tragrandes unter großer Spannung (Leisering & Hartmann, 1886). Eine Erweiterung des Tragrandes über die Neutralstellung des Hufes hinaus trete bei einem normal geformten und gesunden Huf hingegen nicht auf (Leisering & Hartmann, 1886).

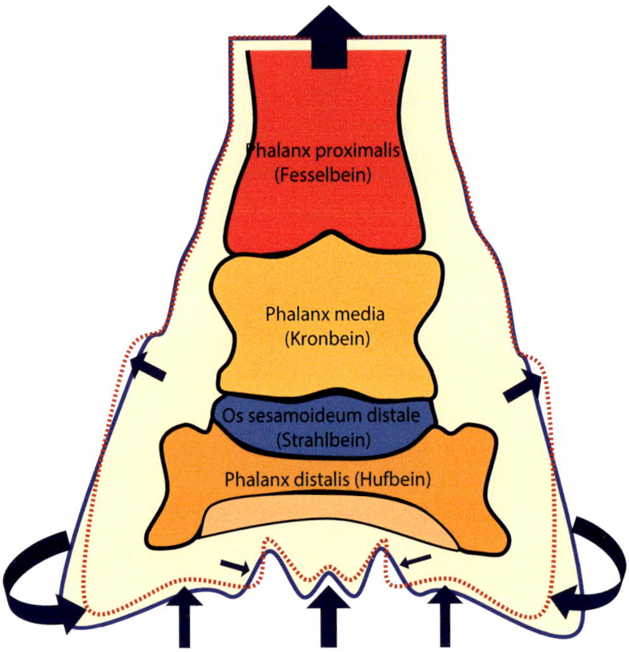

Abbildung 4: Hufmechanismus nach der Rotationstheorie in der Palmaransicht. Die gestrichelte Linie zeigt den Moment der Belastung.

Weiter postulierte LECHNER (1881) genau das Gegenteil einer Sohlensenkung (Leisering & Hartmann, 1886). Namentlich bewegten sich Sohle, Strahl und Ballen in Wirklichkeit unter Zug der tiefen Beugesehne (Rasch, 2015) nach dorsal (Leisering & Hartmann, 1886). In der Gegenrichtung, im Moment der Entspannung der vorderen Hornkapsel, rotierten die Bereiche jedoch nur bis zum Ruhepunkt in ihre Ausgangslage zurück (Leisering & Hartmann, 1886). Abgesehen von der reinen Bewegungsrichtung würden diese Vorgänge darüber hinaus nicht in Intervallen stattfinden, sondern vielmehr gleichzeitig einsetzen und gleichlang andauern (Leisering & Hartmann, 1886).

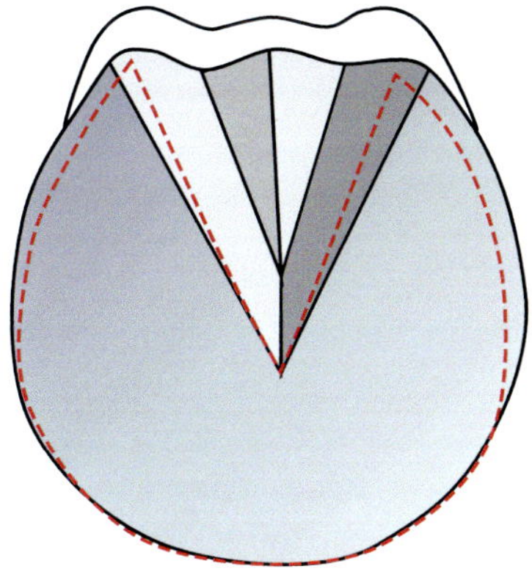

Abbildung 3: Hufmechanismus nach der Rotationstheorie. Die gestrichelte Linie zeigt den Moment der Belastung.

Erweiterung oder Rotation? Zeit der intensiven Kontroverse von 1882 bis 1883

Die ersten Wissenschaftler, die mit einer Falsifizierung der Hufrotationstheorie aufwarteten waren LUNGWITZ und SCHAAF (1882) im Jahre 1882 (Leisering & Hartmann, 1886). Sie führten ihre Arbeit unter den Fittichen von LEISERING (1886) persönlich durch und gehörten neben BAYER (1882), MARTINAK (1882), STEGLICH (1883), FÖHRINGER (1889), SCHWENTZKY (1890) und LEISERING (1886) selbst zu den schärfsten Kritikern des Lagers der Hufrotationstheorieverfechter um LECHNER (1881), GIERTH (1882) und DOMINIK (1889/90) (Rasch, 2015). Obwohl die Hufrotationstheorie einige Unterstützer fand, wurde sie jedoch mehrheitlich abgelehnt und galt wenig später als überholt (Rasch, 2015). Heute kommt der Hufrotationstheorie praktisch keinerlei Bedeutung mehr zu, während die Erweiterungstheorie nach wie vor als die vorherrschende Lehrmeinung bezeichnet werden kann (Rasch, 2015).

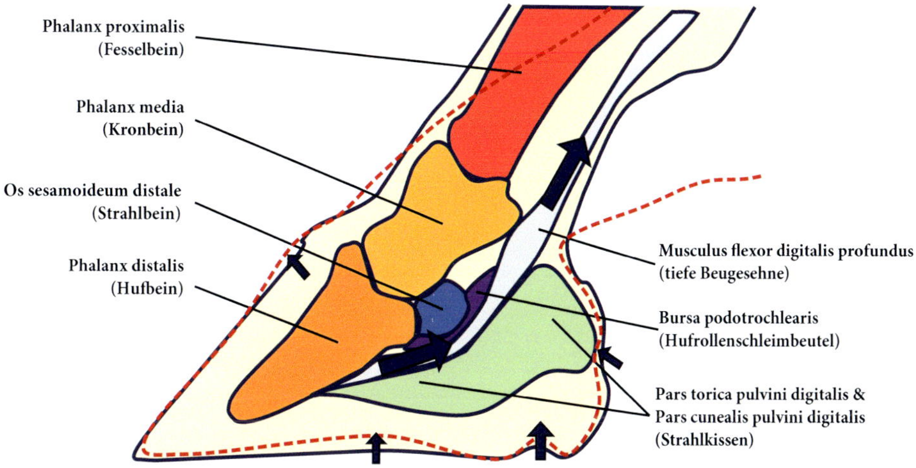

Abbildung 5: Hufmechanismus nach der Rotationstheorie. Sagittalschnitt durch die Zehe. Die gestrichelte Linie zeigt die Verformung im Moment der Belastung.

Im Gegensatz zu LEISERING (1886) untersuchten LUNGWITZ und SCHAAF (1882) den Hufmechanismus in vivo und außerdem in allen drei Grundgangarten (Leisering & Hartmann, 1886). So gelang es ihnen die umfangreichen Ergebnisse, welche LEISERING (1886) bereits erarbeitet hatte, nochmals um einige neue Gesichtspunkte zu erweitern (Leisering & Hartmann, 1886). Das Messinstrument mit welchem ihre Untersuchungen durchgeführt worden waren, nannte sich Hufextasimeter (Leisering & Hartmann, 1886). Dies kann als ein Spezialhufeisen beschrieben werden, welches im Grundsatz aus zwei Teilen besteht (Leisering & Hartmann, 1886). Das Zehenteil besaß die Form eines Halbmondes und war mit Nagellöchern versehen, sodass das Instrument am Huf befestigt werden konnte (Leisering & Hartmann, 1886). Das Trachtenstück war als T-Stück geformt und enthielt Schieber zu beiden Seiten, die am Ende aufgebogen waren, damit die dadurch entstandenen seitlichen Aufzüge an der Trachtenwand zum Liegen kamen (Leisering & Hartmann, 1886).

Das Eisen wurde schließlich exakt angepasst (Leisering & Hartmann, 1886). In der Bewegung passierte dann Folgendes, so die Theorie von LUNGWITZ und SCHAAF (1882), welche sie durch ihre Messergebnisse am Ende auch bestätigt sahen (Leisering & Hartmann, 1886): Setzt sich das Pferd also nun in Bewegung und belastet den mit dem Hufextasimeter ausgestatteten Huf, erweitert sich die Trachtenwand im Moment des Auffußens und bewegt so die beiden Schieber nach außen (Leisering & Hartmann, 1886). Anschließend konnte an einem an der Unterseite angebrachtem Millimetermaß genau abgelesen werden, wie weit die Schieber nach außen gedrückt worden waren, wie groß also die Erweiterung gewesen sein musste (Leisering & Hartmann, 1886). LUNGWITZ und SCHAAF (1882) fanden in allen drei Grundgangarten eine Erweiterung der Trachten, die vom Schritt über den Trab bis hin zum Galopp zunahm (Leisering & Hartmann, 1886). In Ruhe beim stehenden Pferd konnten sie eine kleine, aber messbare Erweiterung zeigen (Leisering & Hartmann, 1886).

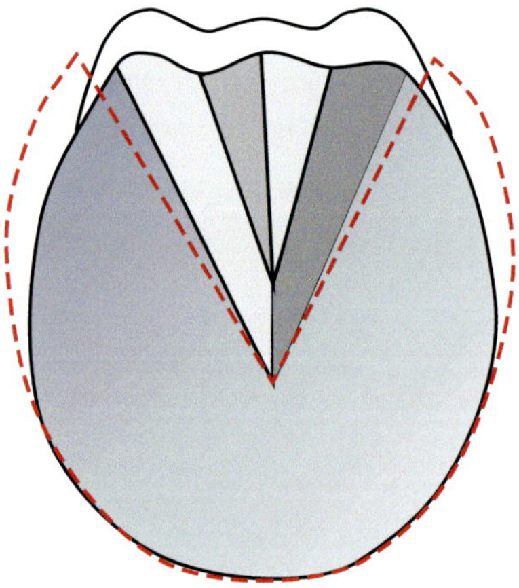

Abbildung 6: Der Hufmechanismus nach der allgemeinen Erweiterungstheorie. Die gestrichelte Linie zeigt die Verformung im Moment der Belastung.

Eine Verengung der Trachten wurde weder im gewöhnlichen Gang, noch bei durchtrittiger Fessel festgestellt, womit die Hufrotationstheorie nach LECHNER (1881) von LEISERING (1886) als widerlegt angesehen wurde (Leisering & Hartmann, 1886). Darüber hinaus lassen die Durchschnittswerte der Messergebnisse den Schluss zu, dass die innere Trachtenwand beweglicher zu sein scheint als die Äußere (Leisering & Hartmann, 1886).

Die Erweiterung des Kronrandes betreffend, stellten LUNGWITZ und SCHAAF (1882) zwei Experimente an und fanden, dass sich der Kronrand erst im Trab, dann aber um sage und schreibe 8 mm erweiterte (Leisering & Hartmann, 1886). Darüber hinaus konnte gezeigt werden, dass sich Kronrand und Trachten gleichzeitig erweiterten und dem Hufmechanismus daher eine syn- und isochrone Rotationsbewegung in Abrede gestellt werden müsse (Leisering & Hartmann, 1886).

Außerdem stellte LUNGWITZ (1882/83/90) zahlreiche weitere Versuche an und formulierte acht Feststellungen als Ergebnis, die er in einer weiteren Schrift zusammengefasst veröffentlichte (Leisering & Hartmann, 1886). Demnach erweiterte sich der Huf am Kron- und Tragrand im Trachtenbereich, sowie im Bereich der Trachtenwand selbst und verkürzte sich dadurch in seiner Längsachse (Leisering & Hartmann, 1886). Die Erweiterung des Tragrandes sei bei spitzgewinkelten Hufformen im mittleren Bereich der Hufwand im Vergleich zur Zehen- und Trachtenwand am Größten (Leisering & Hartmann, 1886).

Die Erweiterung des Wandtragrandes differiere jedoch zwischen den unterschiedlichen Hufformen (Leisering & Hartmann, 1886). Darüber hinaus würde das Beschlagen der Hufe, ebenso wie die Trockenheit des Hufhorns die Bewegungsfreiheit des Tragrandes einschränken, ein naturbelassener, starker Strahl die Erweiterung desselben jedoch positiv beeinflussen (Leisering & Hartmann, 1886). Außerdem würde sich der Trachtenbereich bei Pferden mit untergeschobenen Trachten nichtsdestotrotz erweitern, jedoch nicht bis in die hintersten Bereiche derselben, sodass sich im Moment des Auffußens der Trachtentragrand ganz im Gegenteil, verengt und unterschiebt (Leisering & Hartmann, 1886).

Nicht unerwähnt sollte jedoch angesichts dieser ausführlichen Darstellungen bleiben, dass LEISERING (1886) mit Sicherheit kein neutraler Autor war. Er stand selbst stark für die Erweiterungstheorie und argumentierte in seiner Diskussion mit großer Wahrscheinlichkeit auch dementsprechend zugunsten seines wissenschaftlichen Standpunktes.

Die beiden Wissenschaftslager jener Zeit waren geradezu so versessen darauf, die eigene Theorie zu beweisen und die der Anderen zu wiederlegen, dass ihre Experimente die grotesken Blüten trieben (Rasch, 2015). So manche Untersuchung würde heute beschriebener Weise mit Sicherheit zumindest gegen §1 des Tierschutzgesetzes (Bundesministerium für Justiz und Verbraucherschutz, oDt.) im Allgemeinen und im Speziellen in Erfüllung des Tatbestandes des Fehlens eines vernünftigen Grundes verstoßen. Insbesondere in Anbetracht der Tatsache, dass ähnliche Aussagen durchaus auch ohne das Zufügen jener Schmerzen und Leiden getroffen hätten werden können. Ein aus heutiger Sicht besonders grausiger Fund ist die Arbeit von MARTINAK (1882), ein Verfechter der Erweiterungstheorie. Er beschlug die Testpferde mit einem geschlossenen Eisen, in welches drei Schrauben eingearbeitet waren (Leisering & Hartmann, 1886).

Mithilfe dieser Schrauben konnte eine Eisenplatte, ähnlich einer Schraubzwinge, gegen den Strahl gepresst werden, was der Autor unter nennenswerten Schmerzen des Testpferdes auch tat, um eine Rotationsbewegung wie von LECHNER (1881) konstatiert, künstlich hervorzurufen (Leisering & Hartmann, 1886). Anschließend ließ er das Pferd seinen Huf auf den Boden setzen, was dadurch erzwungen werden musste, dass man einen anderen Huf aufhob (Leisering & Hartmann, 1886). In dieser Position selbst noch konnte MARTINAK (1882) eine Erweiterung des Tragrandes feststellen, womit er die Rotationstheorie als widerlegt ansah (Leisering & Hartmann, 1886).

PROF. DR. BAYER (1882) aus Wien nutzte hingegen eine nicht ganz so qualvolle, aber dafür umso genialere Untersuchungsmethode (Leisering & Hartmann, 1886). Er schloss einen leitenden, dehnbaren Metallbogen, der am Huf befestigt war mit einer Batterie und einem Signalapparat zusammen und konnte auf diese Weise die geringste Erweiterung am Huf hörbar machen (Leisering & Hartmann, 1886). BAYER (1882) fand, dass das Maß der Erweiterung positiv mit dem Gewicht korrelierte, welches auf das Bein lastete, etwa wie bei einem nach vorne gebeugter Reiter im Vergleich zum stehenden Pferd ohne Reitergewicht (Leisering & Hartmann, 1886).

Auch STEGLICH (1883) hat als Anhänger der Erweiterungstheorie Versuche unternommen diese in seiner Dissertation mit Beweisen zu untermauern (Leisering & Hartmann, 1886). Er führte seine Experimente auf Grundlage abgetrennter Gliedmaßen durch und konstruierte ein Gerät, um die Muskelbewegungen nachzuahmen und schließlich graphisch die Bewegungen der Hufwand aufzuzeichnen (Leisering & Hartmann, 1886). Er fand am Kronrand eine stärkere Erweiterung, als am Tragrand, welche im Trachtenbereich ihrerseits ausgeprägter war, als an der Zehe (Leisering & Hartmann, 1886). Als Ergebnis seiner Arbeit konstatiert STEGLICH (1883), es könne LECHNER (1881) dahingehend widersprochen werden, dass keine Verengung des Tragrandes und keine Sohlenhebung zu finden sei (Leisering & Hartmann, 1886). Überdies sieht STEGLICH (1883) LECHNERS (1881) Erklärung der physiologischen Vorgänge als Ursache der Kronranderweiterung und Tragrandverengung als falsifiziert an (Leisering & Hartmann, 1886). Jedoch schließt er sich in Bezug auf die Ausführungen zur Bedeutung des Hufmechanismus für das Pferd als stoßdämpfende Einrichtung, sowie als Pumpmechanismus für Lymphe und Blut vorigen Autoren voll und ganz an (Leisering & Hartmann, 1886). Die Methode des Beschlags sieht er durch den Hufmechanismus allerdings als nicht tangiert (Leisering & Hartmann, 1886).

Peters 1883 – die Depressionstheorie

Ebenfalls im Jahre 1883 wird von PETERS (1883) eine neue, dritte Theorie aufgestellt, die Depressionstheorie, welche sich vor allem auf die Verlängerungsfähigkeit der Blättchenschicht stützt (Leisering & Hartmann, 1886). PETERS (1883) Untersuchungen gehen dahin, dass die Elastizität des Hufhorns und des Kronrandes dem Hufbein gestatten im Moment der Belastung abzusinken (Leisering & Hartmann, 1886).

Durch den Druck des Hufbeins, nebst beteiligter Strukturen, senkte sich also der gesamte Huf im seitlichen Profil ab, wobei sich die dem Hufbein anhängenden Knorpel sowie das Strahlbein um das Hufbein kreisförmig bewegen (Leisering & Hartmann, 1886). Dabei verbreiterte sich der Huf in der Frontalansicht, genauso wie die Trachten, so die Autoren (Leisering & Hartmann, 1886). Außerdem beobachteten sie eine Sohlensenkung im hinteren Bereich des Hufs (Leisering & Hartmann, 1886).

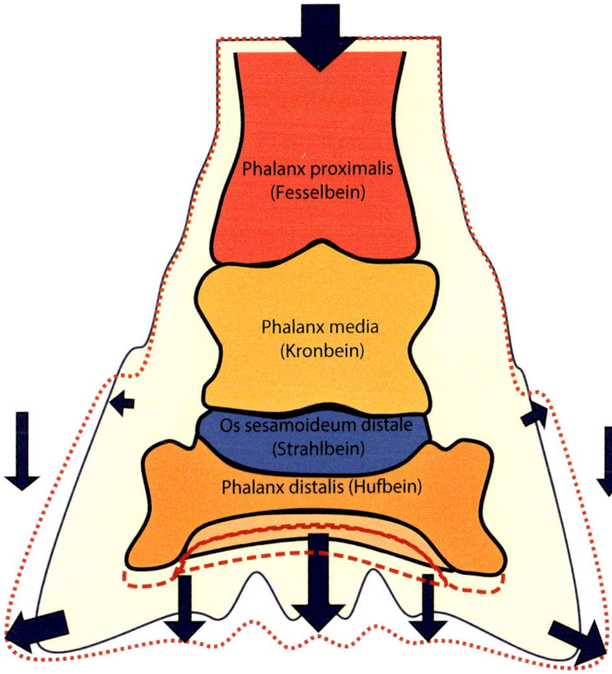

Abbildung 7: Hufmechanismus nach der Depressionstheorie in der Palmaransicht. Die gestrichelte Linie zeigt die Verformung im Moment der Belastung.

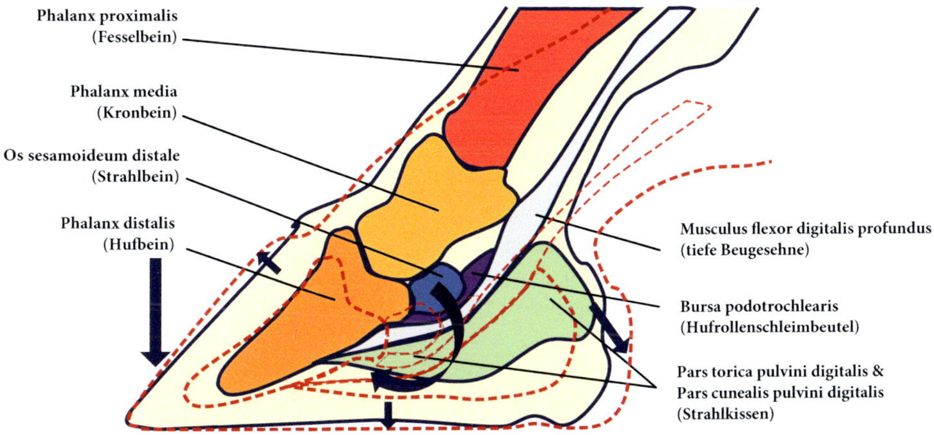

Abbildung 8: Hufmechanismus nach der Depressionstheorie. Sagittalschnitt durch die Zehe. Die gestrichelte Linie gibt den Moment der Belastung wieder.

Untersucher	Theorie	Methode
LAFOSSE (1754)	Erweiterungs-theorie	Beobachtung
CLARK (1810)	Erweiterungs-theorie	Beobachtung
GLOAG (1849)	Erweiterungs-theorie	Abdruckmethode/ Wachseinlage
REEVE (1850)	Erweiterungs-theorie	Abdruckmethode/ Eggen-Eisen (Stifte auf Stegeisen)
BOULEY (1851)	Erweiterungs-theorie	Erweiterungsmessmethode (im folgenden EM)
MILES (1852)	Erweiterungs-theorie	EM/Tragrandumfang auf Papier nachgez., un- vs. belastet
BRÜCHER (1876)	Erweiterungs-theorie	Beobachtung
LECHNER (1881)	Rotations-theorie	Schnitte von Hufpräparaten mit Stiftfixierung
A. LUNGWITZ; SCHAAF 1882	Erweiterungs-theorie	EM/Hufextasi-meter
A. LUNGWITZ 1882	Erweiterungs-theorie	EM/Zirkel, Kalibermaß, Schubleere und über die Ballen geklebte Papierstreifen
BAYER 1882	Erweiterungs-theorie	akustische EM/ elektrischer Klingelapparat
GIERTH 1882	Rotations-theorie	Punktuelle EM/eigener Messapparat zum Nachweis der Hufrotation
MARTINAK 1882	Erweiterungs-theorie	EM/Zirkel, Hebelmessgerät

	Untersuchungs-material	**Ergebnisse**
	-	• Erstmalige wissenschaftliche Beschreibung
	-	• Elastizität durch funktionalen Aufbau Abflachung des Sohlengewölbes • Trachten auseinander-treibende Kraft des belasteten Strahls
	Lebende und tote Hufe	• Keine Trachten-erweiterung • keine Sohlensenkung
	Lebende Hufe, alle Gänge	• Tragranderweiterung • Sohlensenkung
	Lebende und tote Hufe	• Tragranderweiterung • Sohlensenkung
	Lebende Hufe, im Stand	• Tragranderweiterung im gesamten Umfang
	Lebende Hufe	• Hufbeinsenkung • Kronenwulst wird zusammengepresst • Sohlensenkung • Tragranderweiterung • Erweiterung Trachtenwand • Strahlsenkung Eckstreben bewegen sich nach außen • Besondere Bedeutung Elastizität der Hufkapsel
	Tote Hufe	• Tragrandverengung und Kronranderweiterung
	Lebende Hufe, im Stand, alle Gänge	• Trag- und Kronranderweiterung im Trachtenbereich • Tragranderweiterung nimmt zu mit schnellerer Gangart • Vorderhufe erweitern sich mehr als Hinterhufe
	Lebende Hufe	• Bestätigt die o.g. Ergebnisse • Tragranderweiterung besser bei unbeschlagenen Hufen, Bodenkontakt des Strahles u. geschmeidigem Hufhorn • Auch bei eingezogenen Trachten stets Erweiterung, außer hinterster Abschnitts, der schiebt unter
	Lebende Hufe, im Stand, alle Gänge	• Trag- und Kronranderweiterung im Trachtenbereich • Bei hochgradigem Zwanghuf Verengung des Tragrandes bei gleich-zeitiger Kronranderweiterung • Mehr Hufmechanismus nach 24h Angussverband
	Lebende Hufe	• Im Trachtenbereich große Erweiterung am Kronrand u. keine bzw., wenn weiter hinten gemessen, stark verengende Tragrandbewegung
	Lebende Hufe	• Erweiterung der Ballen- und Tragrandpartie

Historische Werke im Überblick

Untersucher	Theorie	Methode
STEGLICH 1883	Erweiterungs-theorie	Eigene Messapparatur, welche die Mechanik der gesamten Gliedmaße nachahmte
PETERS 1883	Depressions-theorie	Schnitte von Hufpräparaten mit Stiftmarkern versehen
LEISERING; HARTMANN (1886)	Erweiterungs-theorie	punktuelle EM/Tastzirkel
FÖHRINGER 1889	Depressions-theorie	akustische EM/ elektrischer Klingelapparat
DOMINIK 1889	Rotations-theorie	Hebeldruckmess-apparat
DOMINIK 1890	Rotations-theorie	Eisen mit zum Tragrand gerichteten präparierten Hufnägeln
A. LUNGWITZ 1890	Erweiterungs-theorie	akustische EM/ elektrischer Klingelapparat, weiterentwickelt
SCHWENTZKY 1890	Erweiterungs-theorie	akustische EM/ elektrischer Klingelapparat, weiterentw.
KÖSTERS 1903	Erweiterungs-theorie	akustische EM/ elektrischer Klingelapparat, weiterentw.
EBERLEIN 1903	Rotations-theorie	markiert Trachtenumfang., scharfkantige Trachtenkappen
RICHTER 1905	Erweiterungs-theorie	EM/Zirkel, verschiedene Messapparate, u.a. weiterentw. Klingelapparat

	Untersuchungs-material	Ergebnisse
	Tote Hufe	• Im Trachtenbereich stärkere Erweiterung der Krone (wg. Herabsinken d. Kronbeins zw. Hufknorpel) und schwächere Erweiterung des Tragrandes (durch Ausdehnung von Strahlkissen u. Strahl sowie durch Sohlensenkung)
	Tote Hufe	• Dehnbarkeit der Blättchenschicht lässt Hufbein um seine Spitze rotieren, sich senken • Hufwand wird durch Zug des Hufbeins verformt daraus folgt Trachten-erweiterung und Sohlensenkung • Stärkste Formveränderungen bei Abstemmen
	Lebende und tote Hufe, im Stand	• Tragranderweiterung in Trachten- und Seitenwänden • Erweit. d. Krone i. Trachten- u. Vereng. i. Seitenbereich • Sohlensenkung, besonders in den Sohlenästen
	Lebende Hufe	• Im Trachtenbereich schwächere Erweiterung der Krone und stärkere Erweiterung des Tragrandes
	Tote Hufe	• Tragrandverengung und Kronranderweiterung im Trachtenbereich
	Lebende Hufe, im Trab	• Stets Tragrandverengung im Trachtenbereich
	Lebende Hufe	• Trachtenausdehnung u. Sohlensenkung • Vereng. d. vord. Hufhälfte u. Verminderung d. Hufhöhe • Bei beschlagenen Hufen auch Verengung des Trachtentragrandes möglich
	Lebende Hufe, im Stand	• Erweit. d. Trachtentragrandes (außer bei 4 abnormen Hufen, von insg. 22 unters. Hufen) und Sohlensenkung
	Lebende Hufe, im Stand und Schritt	• Stets Tragrand-erweiterung und stärkere Kronenerweiterung im Trachtenbereich • Trachtenecken bewegen sich nach außen u. hinten • Zurückweichen der oberen Zehenwand • Erweiterung bis zu einer „indifferenten Linie“ (parallel zu Röhrchen, Überg. z Seitenwand) davor keine Bewegung • Kein Unterschied zw. Vorder- und Hinterhufen
	Lebende Hufe	• Scheuerrinnen am Eisen liegen immer innerhalb d. unbelasteten Trachtentragrandes, dies beweist e. ausschließl. Einwärtsbewegung d. Trachten
	Lebende Hufe, im Stand	• Verengung der vorderen und Erweiterung der hinteren Hufabschnitte, Sohlensenkung u. Hufhöhenabnahme • Stärkste Formänderungen bei Durchtreten d. Fesselgelenks • Formveränderung stärker bei unbeschlagenen Hufen, das auch, wenn der Beschlag den Strahl unterstütztMehr Formveränderung bei Vorderhufe

Untersucher	Theorie	Methode
LUNGWITZ 1907/1909	Erweiterungs-theorie	EM/ Hebelmessgerät u. elektr. Klingelapparat nach Bayer
RUDERT 1921	Erweiterungs-theorie	punktuelle EM/Hebelmessgerät zur Sohlensenkung
HABACHER 1923	Erweiterungs-theorie	EM/Klingelapparat modifiziert mit optischem Signal
AKERBLOM 1930	Erweiterungs-theorie	EM/ Hebelmessgerät (Vorläufer des Mechano-Ungulographen)
BRUNKE 1931	Erweiterungs-theorie	EM/Hebelmessgerät mit Scherenarm u. Kurvenschreiber
SCHOLZ 1952	Erweiterungs-theorie	EM/Mechano-Ungulograph
WEBER 1957	-	EM/Mechano-Ungulograph

Untersuchungs-material	Ergebnisse
Lebende und tote Hufe, im Schritt	• Sohlensenkung u. Zurückweichen d. oberen Zehenwand • im Trachtenbereich stärkere Erweiterung der Krone und schwächere Erweiterung des Tragrandes • Erweiterung fällt schwächer aus bei Beschlag (Strahl ohne Bodenkontakt) mitunter Trachtenverengung auf Beschlag; kräftiger Strahl fördert immer Erweiterung • Formveränderung am größten beim Abstemmen
lebende, Aufheben d. Partnergliedmaße	• Sohlensenkung, besonders in den hinteren Hufbereichen, insbesondere der Strahlschenkel • Sohle senkt sich mehr an Vorder- als an Hinterhufen
Lebende Hufe, alle Gänge, Springen	• Im Trachtenbereich stärkere Erweiterung der Krone und schwächere Erweiterung des Tragrandes • Sohlensenkung u. Zurückweichen d. gesamten Zehenwand mit Ausnahme des untersten Zentimeters • Indifferente Linie, nicht parallel zu Hornröhrchen • Formveränderungen nehmen zu mit Belastung/Geschwindig-keit
Lebende Hufe, alle Gänge, diff. Böden	• Erstmals fortlaufende Aufzeichnung der Bewegungen • eine einheitliche Form d. Hufbewegung gibt es nicht, sie wechselt individuell in hohem Grade • an unbeschlagenen, gesunden Hufen findet im Trachtenbereich eine stärkere Kron- als Trachtenbewegung statt • Unterscheidet in interne und externe Hufbewegungen
Lebende Hufe, alle Gänge, diff. Böden/ Beschläge	• am Tragrand stets ausgeprägtere Erweiterung als an der Krone im Trachtenbereich • Bewegungen auf hartem Boden stärker als auf weichem • Hufeisen mit Einlage hemmen Hufmechanismus nicht
Lebende Hufe, im Schritt, differente Beschläge	• Beschlag hemmt Tragrandbewegung und verstärkt Kronrandbewegung (Überfederung) • Stollen verstärken Trachtenbewegung, Seitenaufzüge hemmen Ausdehnung der Trachten • spitze Hufform zeigt mehr Kronenbewegung als stumpfe
Lebende Hufe, im Schritt, diff. Hufform u. Beschläge	• Der Beschlag mit verschiedenen Hufeisen verändert die Bewegungen v. Krone u. Tragrand (Ausmaß u. Unruhe) • Auswirkungen unterscheiden sich je nach Hufform (eng, weit, diagonal ...) – Empfehlung für je geeignete Eisen

Untersucher	Theorie	Methode
KNEZEVIC 1962	Erweiterungs-theorie	EM/ Hufbelastungsgerät, Kleinmessuhr, Dehnmess-streifen
MAIR 1973	Erweiterungs-theorie	Dehungsmess-methode/ Dehnmesstreifen
NIESCHALK & MEIER 1979	-	Dehungsmess-methode/ Dehnmesstreifen und hydraulische Presse
PREUSCHOFT 1981	Erweiterungs-theorie	Dehungsmess-methode/ Dehnmesstreifen und hydraulische Presse
FISCHERLEIT-NER 1974	Depressions-theorie	Hufbelastungsgerät, Messuhr u. Radiologie
HARDERS 1985	Erweiterungs-theorie	Reißlackmessung

	Untersuchungs-material	**Ergebnisse**
	Lebende und tote Hufe, alle Gänge	• Weitg. gleiche Ergebnisse bei lebenden u. toten Hufen • stete Verengung der Zehenkrone • Zehentragrand verengt (14x) oder erweitert (15x) sich • indiff. Linie 6x nachgewiesen, parallel zu Röhrchen am Tragrand stets ausgeprägtere Erweiterung als an der Krone im Trachtenbereich • Hufbewegungen stärker bei Warmblut als bei Kaltblut
	Lebende u. tote Hufe, alle Gänge, diff. Böden, solo u. geritten	• Sohlensenkung, bei lebenden Hufen größer • steigende Belastung führt zu größerer Erweiterung der Hornkapsel in Tragrandbereichen • Tragranderweiter. in Trachten stärker als in Dorsalwand • harter Boden verstärkt Bewegung
	Lebende und tote Hufe, alle Gänge, geritten	Stützbeinphase ist durch starke Stauchungen gekennzeichnet, verstärkt beim Abstemmen • keine Unterschiede zw. beschlagenen und unbeschlagenen, zw. Vorder- und Hinterhufen • keine Zunahme d. Bewegung m. Zunahme d. Belastung
	Lebende u. tote Hufe, alle Gänge, diff. Böden	• Oft keine Proportionalität zw. Belastung u. Verformung • Stets Trachtenerweiterung • auch in Hangbeinphase aktive Formänderung (enger) • keine Unterschiede zw. Vorder- und Hinterhufen
	Tote Hufe	• Hufbeinsenkung und negative Rotation bei Hufbelastung • hierdurch Zurückweichen der Zehenwand, Sohlensenkung, Trachtenerweiterung
	Lebende und tote Hufe	• stärkere Rissbildung (Bewegung) an Vorderhufen u. unbeschlagenen Hufen (unabh. v. Strahl-Boden-Kontakt) • Rissbildung abhängig von Hufform • Abnahme der Rissbildung auf weichem Boden • keine indifferente Linie nachweisbar

Tabelle 1: Modifiziert nach Konstanze Rasch; „Der Hufmechanismus – Die Quintessenz der Biomechanik des Pferdehufes?"; Tagungsmaterial 9. Huftagung der DHG e.V. für Tierärzte und Hufbearbeiter; 13. Juni 2015; Leipzig; (erweitert um La Fosse (1754), Clark (1810) und Brücher (1876), sowie Zuordnung der verschiedenen Arbeiten zur jeweiligen Grundsatztheorie); Primärquelle: Harders tabellarische Zusammenfassung (1985; 26 ff.).

Stand der Forschung – die vier Grundtheorien: Erweiterungstheorie, Rotationstheorie, Depressionstheorie und Elastizitätstheorie

Erweiterungstheorie

Im Laufe der Jahrhunderte haben sich im Grundsatz vier verschiedene Theorien herausgebildet, die das Wesen des Hufmechanismus zu erklären suchen (Rasch, 2015). Die erste und heute immer noch der allgemeinen Lehrmeinung entsprechende Hypothese ist die Erweiterungstheorie (Rasch, 2015). Diese verfolgt, den kleinsten gemeinsamen Nenner verschiedener Autoren treffend, den Ansatz der Ausdehnung der Hufwand, vor allem der hinteren Hufpartien und insbesondere der Trachten sowie Sohlensenkung, durch das Einfallen der Körperlast im Moment des Auffußens.

Rotationstheorie

Eine Zweite Theorie, die Rotationstheorie nach LECHNER (1881), schien in modernerer Zeit eigentlich überholt (Rasch, 2015). Obschon sich gerade in aktuelleren Studien (Hinterhofer, et al., 2006) erneut Ergebnisse finden lassen, die darauf hindeuten, dass die Hufrotationstheorie, wenn nicht in ihrem Erklärungsansatz und auch nicht in allen Punkten LECHNERS (1881), aber dennoch mit Sicherheit im letztendlichen Ergebnis, bis heute durchaus ihre Berechtigung hat. Diese Theorie besagt im Kern, dass sich der Huf zum Zeitpunkt der Belastung im Bereich des Tragrandes und der Trachten verengt und der Kronrand spannt bzw. erweitert. So fanden zum Beispiel HINTERHOFER ET AL. (2006), dass sich bei circa 50 % der untersuchten Hufe die Trachten nach außen bewegten, die der restlichen Hälfte jedoch nach innen. Auch Sohlenhebung, welche ebenfalls Bestandteil der LECHNERSCHEN (1881) Theorie ist, konnte in Studien neueren Datums erneut belegt werden (Hinterhofer, et al., 2006).

Depressionstheorie

Die dritte Hypothese ist die Depressionstheorie und auch sie fand unter Wissenschaftlern der letzten 50 Jahre immer wieder Anhänger. Diese sind der Auffassung, die Elastizität des Hufhorns selbst gebe dem Hufbein die Möglichkeit während der Belastung abzusinken und die distal befindlichen Strukturen, namentlich die tiefe Beugesehne, das Strahlkissen und das Strahlbein zu belasten. Diese bewirken wiederum durch eine Rotation um das Hufbein, eine Erweiterung des gesamten Hufs und das Absinken desselben.

Elastizitätstheorie

Relativ neu ist eine Theorie, welche mit Hilfe der Finiten Element Analyse (FEA), einem Computermodell, entwickelt worden ist und als Elastizitätstheorie bezeichnet werden kann (Rasch, 2015). Diese geht davon aus, dass die Hufkapsel, selbst wenn sie ihres gesamten Innenlebens beraubt wird, dennoch einen Hufmechanismus in einer der bereits beschriebenen Varianten zeigt (Rasch, 2015). So wird davon ausgegangen, dass die Geometrie des Hufes in Kombination mit den individuell unterschiedlichsten Bedingungen wie Stellung, Untergrund, Hornqualität etc. dafür verantwortlich zeichnen, dass von Pferd zu Pferd divergierende Hufmechanismen entstehen (Rasch, 2015).

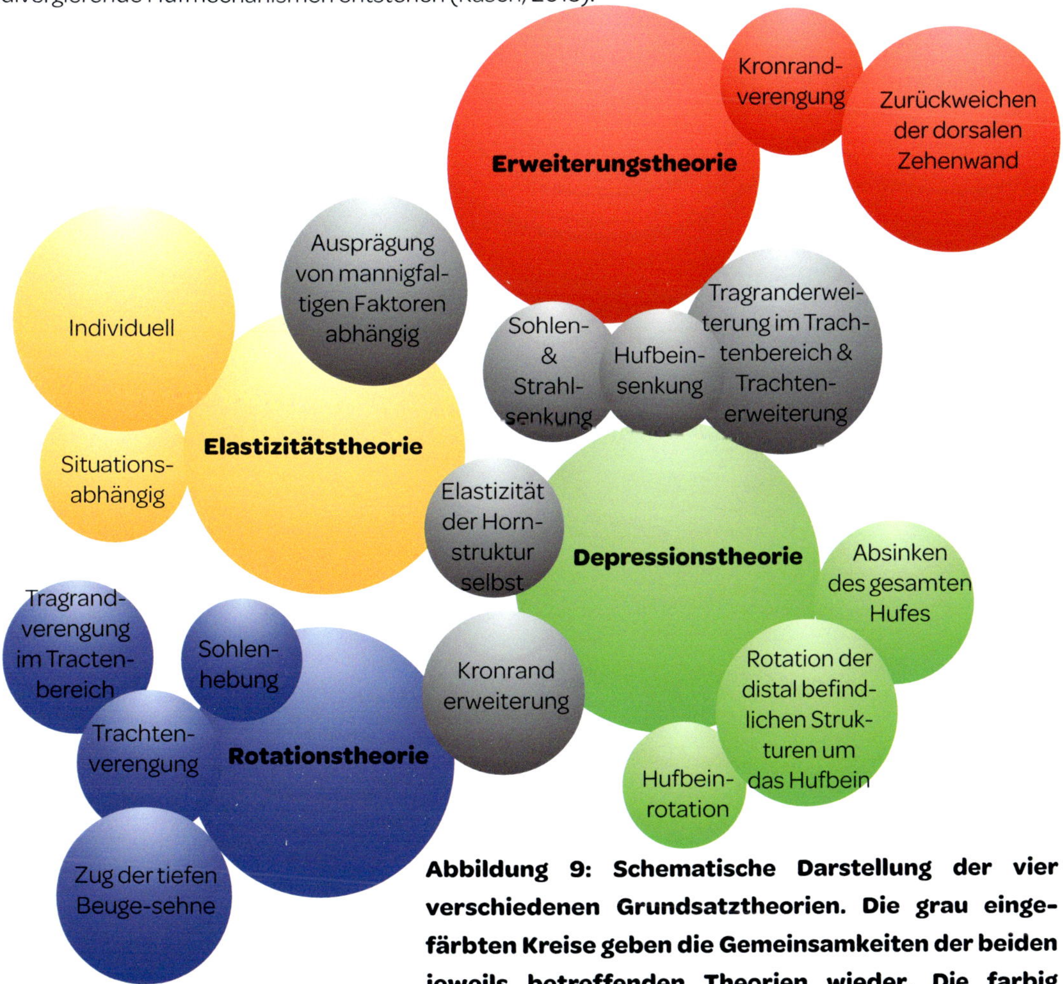

Abbildung 9: Schematische Darstellung der vier verschiedenen Grundsatztheorien. Die grau eingefärbten Kreise geben die Gemeinsamkeiten der beiden jeweils betreffenden Theorien wieder. Die farbig gekennzeichneten Kreise gehören jeweils zur gleichfarbigen Grundsatztheorie. Die relative Nähe der Kreise zueinander steht, soweit darstellungstechnisch möglich, für die inhaltliche Nähe der der Kategorie zu den Grundtheorien, sowie untereinander.

Bedeutung des Hufmechanismus für den Beschlag in der Fachwelt

Selbstverständlich hatten die Entdeckung des Hufmechanismus und seine Erforschung weitreichendere Konsequenzen, als die bloße Erkenntnis und wissenschaftliche Debatten. Immer wurden davon auch Beschlag sowie Bearbeitung der Hufe tangiert (Rasch, 2015). Seither gab es Bestrebungen, den Hufmechanismus in die Hufbearbeitung miteinzubeziehen, konnte man ein solches Faktum ja schließlich unmöglich einfach ignorieren.

Die meisten Autoren waren sich darüber einig, dass der Hufmechanismus positive Auswirkungen auf das Pferd habe und mannigfaltige Aufgaben zu erfüllen hätte (Rasch, 2015). Diese sind in erster Linie Stoßdämpfung, Bluttransport aus den Hufen nach oben im Sinne einer Pumpenfunktion, sowie der Unterstützung von Elastizität und Schnellkraft des Gangwerks (Leisering & Hartmann, 1886).

Genauere Erläuterung dazu geben RUTHE ET AL. (2012). Demnach ist der Hufmechanismus für die Gesundheit des Pferdes in vielerlei Hinsicht von großer Wichtigkeit (Ruthe, et al., 2012). In erster Linie fungiert er als elastischer Stoßdämpfer zwischen dem Boden und der knöchernen Gliedmaße, beginnend mit dem Hufbein in der Bewegung (Ruthe, et al., 2012). So pflanzen sich Erschütterungen nicht in gleicher Intensität bis zum Hufbein fort, sondern werden von Huf und Hufbeinträger bereits in bedeutendem Maße absorbiert (Rasch, 2015). Dies schützt die proximal gelegenen Gelenke der Gliedmaßen vor Überlastung und vorzeitigem Verschleiß (Ruthe, et al., 2012).

Außerdem unterstützt der Huf durch seine sinusartige Kompression und Dekompression den venösen wie arteriellen Bluttransport und sichert so seine eigene Versorgung mit Sauerstoff und Nährstoffen (Ruthe, et al., 2012). Zusätzlich bringen DAVIES ET AL. (2007) den Begriff des Saugglockeneffekts ein, welcher die Bodenhaftung des Hufs auf instabilem Untergrund verbessert, indem die Sohle beim Herabsinken einen Unterdruck erzeugt und dem Huf bessere Bodenhaftung verleiht. Zusätzlich fungiert der Strahl durch seine spezielle Materialbeschaffenheit, so die Theorie, als natürlich, schubhemmende Einheit (Davies, et al., 2007).

Daher ist es nur verständlich, dass dem Hufmechanismus sehr schnell große Bedeutung beim Thema Beschlag zukam, man könnte sogar so weit gehen zu sagen, dass der Hufmechanismus zuweilen die Beschlagsnormen diktierte und bei der einen oder anderen Bearbeitungstechnik dies möglicherweise immer noch tut (Rasch, 2015). Insofern waren und sind sich die meisten Hufbearbeiter darüber einig, dass der Hufmechanismus gefördert sowie durch den Beschlag nicht beeinträchtigt werden dürfe (Rasch, 2015). Dies mag vielleicht sogar schon allein aus jenem Grunde der Fall sein, weil das Wort „Hufmechanismus" durch den hohen Nutzen, der ihm zugeschrieben wird, ein positiv konnotierter Begriff ist und dieser noch zudem so stark im Fokus steht (Rasch, 2015).

Konsequenzen für den Beschlag im 19. Und 20. Jahrhundert

Demnach forderte HARTMANN (1886) zum Beispiel auf eine Nagelung außen über 0,5 – 1 cm und innen ganz und gar über die weiteste Stelle des Hufs hinaus zu verzichten, um die Elastizität des Trachtenbereichs zu erhalten (Leisering & Hartmann, 1886). Außerdem seien genügend große Eisen zu wählen, welche den Trachten Erweiterungsspielraum bieten (Leisering & Hartmann, 1886). Diese gewichtige Bedeutung des Hufmechanismus hat dabei aber zuweilen dazu geführt, dass die Bearbeitungs- und Beschlagsrichtlinien, zweifellos in bestem Bestreben die gesundheitsfördernde Wirkung eines tätigen Hufmechanismus zu unterstützen, leider genau das Gegenteil dessen erwirkten, was sie eigentlich zu erreichen gesucht hatten.

Großes Aufsehen erregte damals die Beschlagsempfehlung von BRACY CLARK (1810), welcher als einer der Pioniere in der Hufmechanismusforschung bezeichnet werden kann. Er formulierte nach seinen Beobachtungen die Maxime, dass ein Beschlag den Hufmechanismus nicht stören dürfe (Leisering & Hartmann, 1886). So konstruierte er das sogenannte „Stahltabletteisen", welches im Zehenteil beweglich gehalten wurde, sodass es den Bewegungen des Hufes bei Be- und Entlastung folgen konnte (Leisering & Hartmann, 1886).

Ganz zum Schaden des Erfinders und zur Freude seiner Kritiker, erwies sich das Stahltabletteisen, genauso wie alle anderen beweglichen Eisen modernerer Zeit, als gänzlich unbrauchbar (Leisering & Hartmann, 1886). Erstaunlicherweise erlebt nämlich dieselbe Idee, welche bereits im 19. Jahrhundert ad acta gelegt worden war, immer wieder eine Renaissance mit immer gleichem Ergebnis: Das Horn der Pferde reagiert auf zu große Beweglichkeit des Hufeisens mit Hornspalten (Rasch, 2015). Überdies hatte CLARKS (1810) Erfindung den großen Nachteil, dass sich die bewegliche Verbindung immerzu lockerte (Rasch, 2015).

Im Nachhinein erwies sich jedoch CLARKS (1810) Forderung, der Hufmechanismus müsse gefördert und dürfe durch den Beschlag nicht behindert werden, als Maxime mit Potenzial in die Extreme, zum Leidwesen der Pferde. Von einigen Anhängern seiner Theorien wurden die Bearbeitungsempfehlungen CLARKS (1810) immer weiterentwickelt und auf die Spitze getrieben, bis weit über die Grenzen des, aus heutiger Sicht, ethisch vertretbaren hinaus (Rasch, 2015). Hier zu nennen wären zum Beispiel MILES (1852) und PETERS (1883) (Rasch, 2015). So wird vor allem extremes Beschneiden der Sohle empfohlen, bis diese auf leichten Daumendruck nachgibt (Rasch, 2015). Außerdem führte die Theorie der Bodengegendruck auf den Strahl würde die Trachten auseinanderdrücken dazu, dass die Trachten heruntergeschnitten wurde, bis ein unter Umständen völlig verkümmerter Strahl den Boden berührte und die Trachtenwände so dünn geraspelt wurden, dass sie sich erweitern konnten (Rasch, 2015). Dies wurde vor allem zur Maßnahme den Hufmechanismus bei Hufen mit Trachtenzwang und anderen Unregelmäßigkeiten wiederzuerwecken (Rasch, 2015).

Die Anhänger der Rotationstheorie um LECHNER (1881), GIERTH (1882) , DOMINIK (1889/90), WALTHER (1906) und EBERLEIN (1903) vertraten jedoch folgerichtig den Standpunkt, ein übermäßiger Hufmechanismus sei für Trachtenzwanghufe verantwortlich, weil sich die Trachten zu stark verengten, während das Erweiterungslager selbstverständlich genau das Gegenteil behauptete (Rasch, 2015).

STASHAK (1989) hingegen schreibt dazu, dass zur Erweiterung der Trachten Bodenkontakt des Strahls nicht notwendig ist und diese These deshalb vor dem Hintergrund modernerer Erkenntnisse nicht haltbar ist. Außerdem ist ein Trachtenzwanghuf weder durch ein zu viel noch ein zu wenig an Hufmechanismus verursacht, sondern vielmehr durch einen unregelmäßigen Huf, oder abnorme Umgebung des Hufes zum Beispiel innerhalb eines Gipses zur Behandlung einer Fraktur (Stashak, 1989). Überdies ist es aus heutiger Sicht aus mannigfaltigen Gründen nicht förderlich, die Trachten zugunsten eines Strahlbodenkontaktes zu kürzen (Stashak, 1989). Zum Ersten muss dadurch oftmals in Kauf genommen werden, dass sich im Ergebnis die Zehenachse gebrochen darstellt (Stashak, 1989). Zum Zweiten liegt bei einem atrophierten Strahl nicht die Möglichkeit vor, den Huf so stark zu kürzen, dass der Strahl unterstützend arbeiten könnte, ohne gleichzeitig Nachteile für das Pferd zu erwirken (Stashak, 1989). Schließlich ist es zum Dritten natürlich überhaupt nicht sinnvoll, die Trachten einzukürzen, falls der Trachtenzwanghuf durch eine Schonhaltung im Sinne einer Lahmheit etwa im Falle eines Podotrochlose-Syndroms verursacht wurde, weil dem Pferd verständlicherweise dadurch nur noch mehr Schmerzen bereitet würden (Stashak, 1989).

Damit nicht genug, wurden darüber hinaus Eisen mit diversen Spezialzusätzen gefertigt, um den Hufmechanismus zu fördern (Rasch, 2015). So findet sich zum Beispiel bei STASHAK (1989) ein Exemplar nach EINSIEDEL (KA) (S.827) mit nach außen abfallenden Schenkeln, damit die Trachten beim Auffußen nach außen gleiten (Stashak, 1989). Zusätzlich verfügt der Beschlag über innen angebrachten Eckstrebenaufzügen, welche verhindern, dass sich der Huf über ein bestimmtes Maß verengt (Stashak, 1989). Außerdem wurden sogenannte Dilatoren eingesetzt, um Hufe, die als zu eng erschienen, gewaltsam auszudehnen. (Rasch, 2015). Wahrlich grausame Methoden ein Idealbild zu erreichen, welches stark durch die radikale Auslegung der Erweiterungstheorie entstand, stelle man sich die Schmerzen der mit solchen Anfertigungen beschlagenen Pferde vor. Glücklicherweise wurde die Anwendung derlei Apparaturen schon in damaliger Zeit recht schnell als nicht zu befürworten begraben (Rasch, 2015).

Konsequenzen für den Beschlag bis in die heutige Zeit

Doch wer nun glaubt, solche mittelalterlich anmutenden Praktiken wären das Werk unreflektierter Extremisten ohne jedes Mitgefühl und gehörten doch sicher in die Vergangenheit und zwar nur dort hin, der irrt. Mitnichten, derartige Hufbearbeitung, welche bei den radikalsten Vertretern des 19. Jahrhunderts sicherlich Anklang gefunden hätte, findet auch in diesen Tagen durchaus Anwendung. So existiert eine Bearbeitungsmethode, welche zum Ziel hat, einen maximalen Hufmechanismus getreu der Maxime „viel hilft viel" zu erreichen und zwar mit dramatischen Folgen für das Pferd (Rasch, 2015).

Diese Richtlinie stellt zuerst ein physikalisches Modell vom Hufmechanismus in Form eines Eimers auf und richtet an diesem die gesamte Bearbeitung aus (Jampert, KA). Dabei sei die ideale Höhe für die Eckstrebe 1 cm unter den Tragrand und 1 cm über der tiefsten Stelle des Strahls (Jampert, KA). Ballenbodenkontakt wird als natürlich angesehen und die natürliche Trachtenhöhe pauschal auf 3,5 cm für alle Pferde festgesetzt (Jampert, KA). Außerdem sei der natürliche Winkel des Kronrandes 30° zum Boden, unter der Voraussetzung, dass das Hufbein, welches als „Anguss" der Hufkapsel angesehen wird, bodenparallel in der Hornkapsel „stehe" (Jampert, KA). Der optimale Zehenwinkel betrage vorne 45° und hinten 55° (Jampert, KA). Außerdem müssten sich die Trachten erweitern können und die Sohle senken (Jampert, KA).

Daraus werden allgemeine Richtlinien abgeleitet, die keinen Raum für individuelle Bearbeitung lassen, da sich die Angaben auf die These stützen, die natürlichen Maße und Winkel seien bei zahlreichen Pferden gemessen worden und für alle Pferde gleich (Jampert, KA). In der Folge werden die Trachten zuerst auf 3,5 cm gekürzt (Jampert, KA). Zusätzlich wird oft ein sogenannter „Weitungsschnitt" durchgeführt, indem die gesamte Trachtenendkante bis in den Ballen hinein entfernt wird (Jampert, KA). Anschließend wird das zum Dreieck versimpelte Hufbein neu ausgerichtet (Jampert, KA). Dazu wird von den Trachtenenden aus Richtung Zehe eine Linie im Winkel von 30° zum Kronrand gezeichnet und alles Horn entfernt, das darunter liegt (Jampert, KA). Meist endet die Linie aber in der Mitte des Hufes, weil die Zehe viel zu kurz ist (Jampert, KA), weshalb in diesem Fall versucht wird, die Idealform in mehreren Sitzungen zu erreichen (Jampert, KA). Dann wird im nächsten Schritt die Sohle korrigiert, um deren Idealform als elastische, ebene Fläche zu erreichen und das oftmals ohne Rücksicht auf Verluste bis zum Blutaustritt (Rasch, 2015). Nicht selten werden zusätzlich auch die Eckstrebenwände stark bearbeitet (Rasch, 2015). Zusätzlich wird in der seitlichen Hufwand eine sogenannte „Senke" geschnitten, um das Erweitern derselben zu unterstützen (Jampert, KA).

Die Risiken dieser Bearbeitungsmethode werden von der Urheberin selbst eingehend betont und erläutert, ohne dass jene jedoch auf die Idee käme, dass eine Bearbeitungsrichtlinie, bei der es notwendig wird, vor einer Hufbeinrotation zu warnen, unmöglich gesund sein kann (Jampert, KA). Die Umformung eines Hufes zu diesem Idealbild sei demnach ein langer, steiniger Weg und könne bei adulten Pferden Jahre dauern, da sich der gesamte Sehnen- wie Bandapparat sehr langsam an eine neue Stellung gewöhnt (Jampert, KA). Unterdessen ist es notwendig, die Hufe mindestens alle zwei Wochen, mitunter aber auch schon einmal täglich, zu korrigieren, weil das Bindegewebe durch seine Längenverhältnisse den Huf immer wieder in seine Ausgangsform zurückzubewegen sucht (Jampert, KA).

Außerdem wird vor allem bei Trachtenzwanghufen darauf hingewiesen, dass infolge der beschriebenen Bearbeitungsmethode das Hufbein mit dem Sohlengewölbe absinkt, meist aber rotiert, weil die Blättchenstruktur der Hornwand nicht in der Lage ist, der auftretenden Belastung standzuhalten und sich daher partiell von der Huflederhaut ablöst (Jampert, KA). Außerdem sei grundsätzlich mit dem Auftreten von Sohlen- und Ballengeschwüren zu rechnen (Jampert, KA). All dies sei jedoch Teil des Heilungsprozesses und deshalb praktisch kaum bedenklich (Jampert, KA).

Nicht wenigen Experten und Pferdemenschen drängt sich an dieser Stelle die Frage auf, warum Verfechter gewisser ideologischer Strömungen, trotz massiver Kritik von allen Seiten angefangen bei den Fachhufschmieden und Tierärzten, bis hin zu der Verurteilung einer Hufbearbeiterin wegen Tierquälerei durch ein britisches Gericht bezüglich ebendieser Praktiken, weiterhin völlig unreflektiert und unkritisch versuchen, ein Idealbild vom perfekten Naturhuf zu erreichen (Jampert, KA). Dieses gründet sich überdies auf hypothetisch errechnete Maße, die zum Teil um das zehnfache von experimentell gemessenen Werten abweichen, sowie ein Modell, bestehend aus einem Eimer und einem Dreieck, welches einerseits augenfällig jeglicher anatomisch fundierten Grundlage entbehrt und aufgrund der übermäßigen Simplifizierung außerdem aller wissenschaftlichen Arbeitsweise spottet (Jampert, KA). Wobei außerdem augenscheinlich die Grenzen der Physiologie, Anatomie sowie der Physik und nicht zuletzt des Tierschutzgesetzes aufs Äußerste strapaziert und jede noch so fundierte wissenschaftliche Kritik oder Erkenntnis mit eiserner Ignoranz gestraft werden (Wandruszka, 2011); (Jampert, KA).

Von selbst versteht sich, dass durch die flachere Stellung außerdem tiefe Beugesehne wie Hufrolle stärker belastet wird (Jampert, KA). Dass eine niedrigere Trachtenregion hohen Druck auf den Huf ausübt, belegten bereits HINTERHOFER ET AL. (2000) mit Hilfe der Finiten Element Analyse (FEA) im Jahr 2000 (Hinterhofer, et al., 2000). Freilich ist es zudem selbsterklärend, dass gegenständliche Richtlinie nicht selten lahme Pferde hinterlässt und sich demnach die berechtigte Frage stellt, ob eine Bearbeitungsmethode, bei der das Pferd nach der Behandlung kränker scheint als vorher, wirklich sinnvoll sein kann (Rasch, 2015).

Nicht ohne Grund brechen viele Pferdebesitzer diese Behandlung vorzeitig ab und auch viele Bearbeiter dieser Methode beenden nach einiger Zeit die konsequente Anwendung derselben (Jampert, KA). Zumal sich die Frage nach dem Idealhuf logischerweise eigentlich überhaupt nicht stellen dürfte, hängt dieser doch essenziell von der Beschaffenheit des Untergrundes und den Belastungen ab, denen er ausgesetzt wird (Hampson, 2011).

Man könnte sogar so weit gehen zu sagen, dass sich die Lebensumgebung eines freilebenden Pferdes den benötigten Huftypus selbst erschafft (Hampson, 2011). Die geringen Abweichungen der Hufform innerhalb einer Pferdepopulation und die deutlich größeren Abweichungen im Huftypus zwischen den wildlebenden Pferdegruppen über den ganzen Erdkreis, lassen darauf schließen, dass sich der Huf an genau diese Umgebung angepasst hat und die entstandene Konfiguration notwendig für die Funktionalität und damit für das Überleben im jeweiligen Habitat ist (Hampson, 2011). Der Huf an sich ist eine unglaublich anpassungsfähige, wandelbare wie vielseitige Struktur und sicherte dem Equus caballus in den letzten 60 Millionen Jahren seiner Existenz das Überleben als ausdauerndes Fluchttier in den unterschiedlichsten Klimazonen der Erde (Hampson, 2011). Eine Bodenparallelität des Hufbeines wird dabei jedoch stets mit pathologischen Veränderungen bei den wildlebenden Tieren in Verbindung gebracht und steht in der Fachliteratur üblicherweise nicht für eine derartige Anpassung (Hampson, 2011).

Der von einigen Bearbeitern angepriesene Naturhuf würde unter den völlig veränderten Bedingungen eines modernen Reitpferdes wahrscheinlich nicht von selbst so entstehen und wäre für diese Nutzungsart auch gar nicht geeignet. Schließlich ist der Huf eines wildlebenden Pferdes für langsame Fortbewegung im harten Wüstenklima, zum Beispiel dem Lebensraum der Mustangs geschaffen und nicht für die Boxenhaltung auf weicher Einstreu und mehr oder minder hartem Training unter Reitergewicht auf Sandboden (Hampson, 2011). Indes fordert die Urheberin des Ganzen weiterhin unbeirrt die Einhaltung der Regeln und konstatiert, Bearbeiter wie Besitzer würden zu früh aufgeben und diese Komplikationen seinen ein notwendiges Übel, für das Pferd danach dann eine bessere Lebensqualität zu erreichen (Jampert, KA).

Dass jedoch das Verfolgen extremer Ansichten immer kritisch zu beurteilen ist, lehrt uns sowohl die Geschichte, als auch dieses eindrucksvolle Beispiel aus der Hufbearbeitung. Einer ganz ähnlichen Ansicht war hier bereits im Jahre 1932, kurz vor der Machtergreifung durch Adolf Hitler, PROF. DR. ALOIS HANSLIAN (1932). Er vertrat die Meinung, dem Hufmechanismus würde zu große Bedeutung beigemessen und unternahm einen Versuch, den Hufmechanismus durch Nagelung im Trachtenbereich geflissentlich zu stören (Rasch, 2015). Zwei Jahre lang beschlug er die Testpferde auf diese Weise, konnte jedoch keine Veränderung des Hufes, weder in Qualität, noch in irgendeiner anderen Art feststellen (Rasch, 2015).

TULETZKI-GERSTENBERG (2005) spricht in seinem Buch „HUFMECHANISMUS ODER HUFDEFORMATION?" aus 2005 gar von einer Hufdeformation, die der Hufmechanismus darstelle und zwar bei kranken und beschädigten Hufen (Rasch, 2015). Seinen Beobachtungen zu Folge trete der Hufmechanismus im Sinne der Erweiterungstheorie umso stärker auf, je instabiler Sohle und Hufwand seien (Rasch, 2015). Daraufhin stellt er sich folgerichtig die Frage, ob ein stark ausgebildeter Hufmechanismus erstrebenswert sein kann, wenn er bei einer soliden Hornkapsel geringere Ausprägung zeigt, als bei einer instabilen (Rasch, 2015).

Selbstverständlich ist es einleuchtend, dass ein Mehr an Hufmechanismus nicht wünschenswert wäre, würde dies einen instabilen Huf voraussetzen. Und in der Tat finden sich über die Jahrhunderte hindurch immer wieder Wissenschaftler, die angesichts der gängigen Praxis die Sohle stark zu bearbeiten zum Zwecke ihre Elastizität zu unterstützen fordern, Sohle und Strahl möglichst wenig zu bearbeiten, um einen stabilen, widerstandsfähigen Huf zu erhalten (Rasch, 2015). So macht zum Beispiel bereits LA FOSSE (1754) intensiv darauf aufmerksam, welche großen Nachteile eine zu starke Bearbeitung im Hinblick auf dessen Empfindlichkeit für den Huf hat. Auch Stabsveterinär STARK (1917) und Oberfahnenschmied GUTHER (1917) haben sich aufgrund einschlägiger praktischer Erfahrung dafür ausgesprochen, Sohle und Strahl zu Gunsten der Stabilität nur wenig zu bearbeiten, wofür sie im Jahre 1917 wohl deutliches Missfallen ihrer Kollegen zu spüren bekamen (Rasch, 2015).

In der Zusammenschau der Fakten lässt sich also die These durchaus wohl begründen, dass keines der beiden Extreme wirklich empfehlenswert ist (Rasch, 2015). Das eine Extrem, den Fokus praktisch ausschließlich auf die Ausbildung eines maximalen Hufmechanismus zu legen und den Huf auf Kosten der Widerstandsfähigkeit so stark zu bearbeiten, dass er größtmögliche Beweglichkeit erhält, provoziert eine erhebliche Schwächung des Hufs (Rasch, 2015).

Die radikale Interpretation der anderen Seite, den Hufmechanismus geflissentlich zu unterbinden suchen, oder überhaupt nicht zu bearbeiten in der Hoffnung, es würde sich auf natürlichem Wege ein gesunder Huf entwickeln, geht auf Kosten eines tragfähigen, für das Pferd angenehmen Beschlags und einer gesunderhaltenden, möglichst regelmäßigen Stellung (Rasch, 2015). Denn es ist weder zu erwarten, dass ein für das Leben in der Wüste konstruierter und bearbeiteter Huf deutlich erhöhten Belastungen unter dem Reiter standhalten wird, noch dass sich unter unnatürlichen Lebensbedingungen unserer, durch die Zucht auf andere Merkmale selektierten, Pferde, inklusive der Nutzung durch den Menschen, auf natürlichem Wege ein brauchbarer Huf entwickelt.

Eine Bearbeitung, die dem Pferd Schaden zufügt, oder den Huf mehr schwächt, als ihn stärkt, kann demnach weder aus ethischer, noch aus fachlicher Sicht befürwortet werden (Jampert, KA). Frei nach der von Paracelsus stammenden Redewendung: Alles ist Gift, und nichts ist ohne Gift. Allein die Dosis macht, dass eine Sache kein Gift sei (Paracelsus, 1538). Darüber hinaus kann es angesichts der vielen verschiedenen Hufformen, Gebrauchsintensitäten, Haltungsformen und eventuellen Vorerkrankungen auch nicht der Weisheit letzter Schluss sein, jeden Huf in ein einziges für alle Pferde passendes Schema zu verabsolutieren.

Analytische Erhebung der wissenschaftlichen Literatur zur Darstellung des Hufmechanismus - Material und Methode

Verwendete Werke

Zur statistischen Analyse der Literatur wurden Werke herangezogen, die der Autorin online zugänglich waren und zugleich wesentliche Aussagen zum Hufmechanismus treffen. Insgesamt umfasste die analysierte Stichprobe 50 Datensätze. Untersucht wurden die jeweiligen Methoden der Forscher und ihre Ergebnisse zum Wesen des Hufmechanismus, ebenso wie etwaige Prämissen zur anatomischen Allgemeingültigkeit desselben bzw. der auf die Hufmechanik einflussnehmenden Faktoren.

Erstellung des Datensatzes

In der Literatur mehr als einmal beschriebene Ansätze wurden in entsprechende Kategorien zusammengefasst und die Aussagen der untersuchten Autoren in den einzelnen Aussagekategorien mit eins bewertet, falls sie diese getroffen oder beschrieben haben und mit null kategorisiert, falls sie dazu keine Angaben gemacht, oder den entsprechenden Punkt nicht untersucht beziehungsweise falsifiziert haben.

Statistische Analyse der Daten

Bei der Analyse fand das Statistikprogramm R Anwendung. Ergab die Analyse des Merkmals ein signifikantes Ergebnis und waren gleichzeitig über 50 % der Studien zu diesem Resultat gekommen, stand also bei über der Hälfte der Daten eine eins, wurde davon ausgegangen, dass die Arbeiten signifikant häufiger das untersuchte Merkmal belegt und beschrieben hatten, jenes also mit großer Wahrscheinlichkeit für den Hufmechanismus belegt werden kann. War der Häufigkeitstest nicht signifikant, so konnte davon ausgegangen werden, dass es keine Häufigkeitsunterschiede in diesem Merkmal gab, dass es also keine eindeutige Mehrheit für oder gegen das Vorhandensein des Merkmals gegeben hatte, was den Schluss zulässt, dass dieses Merkmal wohl eine bedeutende Rolle spielt, dessen genaue Ausprägung und Funktionsweise aber noch nicht im Detail geklärt werden konnte. Ergab die Analyse ein signifikantes Ergebnis und waren gleichzeitig weniger als 50 % zu jener Aussage gekommen, so kann davon ausgegangen werden, dass betreffendes Merkmal für den Hufmechanismus nicht sicher belegt werden kann, da im Datensatz ein Merkmal sowohl mit null bewertet wurde, wenn der Autor das Vorhandensein desselben verneinte, als auch, wenn er sich dazu gar nicht äußerte.

Darstellungen des Hufmechanismus in der wissenschaftlichen Literatur – Ergebnisse

Ergebnisse im Überblick

Dissens	• Ursache Bodengegendruck • Trachtenerweiterung • Ballensenkung • Elastizität Hufkapsel wichtigster Faktor • Elatizität des funktionalen Aufbaus wichtigster Faktor • Hufbeinsenkung • Hufbeinrotation • Tragranderweiterung im Zehenbereich • Spannung im Zehenbereich • Verengung des Tragrandes im Zehen- oder Trachtenbereich • Verengung Trachtenwand • Verengung Trachten • Sohlen-, Strahl- und Ballenhebung • Zurückweichen der Dorsalwand • Hufwandbewegung • Eckstrebenbewegung • Kronrandverengung im Zehenbereich • Kronrandspannung oder -druck • veränderter Hufmechanismus bei beschlagenen Hufen • veränderter Hufmechanismus bei abnormaler Stellung • veränderter Hufmechanismus bei weichem Hufhorn • veränderter Hufmechanismus bei Strahlbodenkontakt • Unterschied Vorder- und Hinterhufe • Rasseeinfluss • Hufformeinfluss • Belastungseinfluss • Untergrundeinfluss
Diskussion	• Ursache einfallende Körperlast • Trachtenwand-erweiterung • Kronranderweiterung im Trachtenbereich • Strahlsenkung
Konsens	• Hufmechanismus vorhanden • Prämisse Hufmechanismus allgemeingültig • Tragranderweiterung im Trachtenbereich • Sohlensenkung

Konsens in der Literatur

Gänzliche Einigkeit herrscht in der Literatur darüber, dass es einen Hufmechanismus gibt (Binomial Test: N = 50, p<0,001), denn keine einzige der analysierten Arbeiten bestritt die Existenz desselben. Dabei wurde am häufigsten an lebenden Pferden geforscht (Chi Quadrat Test: N = 50, df= 3, X^2 = 25,84, p <0,001), was bereits BRÜCHER (1876) in seinem Werk mit der Begründung gefordert hatte. Demnach könne eine Simulation an abgetrennten Gliedmaßen nie alle eiflussnehmenden Faktoren berücksichtigen und deshalb auch keine validen Aussagen treffen (Brücher, 1876). Zudem wurde bereits vor über hundert Jahren belegt, dass sich die physikalischen Eigenschaften des Hufhorns postmortal verändern (Sautier, 1913).

Eine knappe Mehrheit (52 %) der Studien plädierte überdies für eine Tragranderweiterung im Trachtenbereich als Bestandteil des Hufmechanismus (Binomial Test: N = 50, p<0,001). Ebenso fanden 54 % der Wissenschaftler eine Sohlensenkung (Binomial Test: N = 50, p<0,001).

Außerdem unterlagen 80 % (Binomial Test: N = 50, p=0,002) der Untersuchungen der Prämisse, der Hufmechanismus ließe sich auf alle Hufe anwenden, fände man lediglich das geeignete Instrument, die Bewegungen genau genug zu messen. Jedoch hat in den vergangenen Jahren der Glaube an diese Prämisse deutlich abgenommen (Spearman Rangkorrelationstest: N= 50; rs= -0,44; p= 0,001), sodass seit dem Jahre 1930 nur noch etwa zwei Drittel aller Studie diese Annahme ihrer Arbeit zu Grunde legen, waren es in früheren Tagen noch 100 %. Rechnet man zusätzlich alle Literaturstudien weg, die in diesen Zeitraum fallen, geht nur noch jede zweite Studie davon aus, der Hufmechanismus ließe sich verallgemeinern.

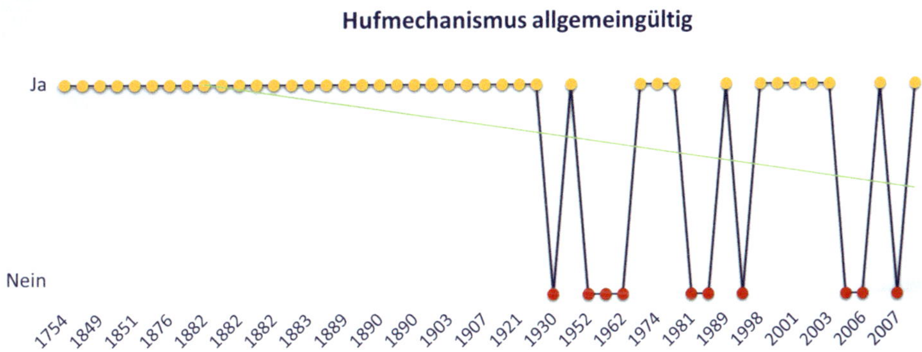

Abbildung 11: Häufigkeit der Prämisse des allgemeinen Hufmechanismus in der analysierten Literatur mit Trendlinie (Spearman Korrelationstest: N= 50; rs= -0,44; p= 0,001).

Diskussionspunkte

Keinen signifikanten Häufigkeitsunterschied ergab die Frage, ob das einfallende Körpergewicht für den Hufmechanismus verantwortlich zeichnet, oder nicht (Binomial Test: N = 50, p=0,243). Das heißt im Umkehrschluss, dass sich die Wissenschaft uneins darüber ist, durch welche Krafteinwirkung die Bewegungen des Hufs denn nun genau entstehen: ob durch das Einfallen der Körperlast (28 %), oder den Bodengegendruck auf Strahl und Sohle (4 %), eine Kombination aus Beidem, oder eine andere Krafteinwirkung auf den Huf. Angesichts der Ergebnisse, scheint es aber wahrscheinlicher, dass die Belastung durch das Körpergewicht den eigentlichen Auslöser darstellt. Ebenso strittig ist die Frage der Trachtenwanderweiterung.

Wohingegen eine Mehrheit der Studien für eine Erweiterung des Trachtentragrandes plädierte, ergibt die Analyse der Trachtenwandbewegung ein unklares Bild (Binomial Test: N = 50, p=0,597). Bezieht man das Ergebnis der Kronranderweiterung im Trachtenbereich mit ein, welches genauso unklar ausfällt (Binomial Test: N = 50, p=0,099), so lassen diese Werte den Schluss zu, dass sich die Wissenschaft zwar darüber einig zu sein scheint, dass sich im Trachtenbereich des Hufes im Moment der Belastung etwas bewegt, nur was sich dort genau wohin bewegt, kann als nicht gesichert gelten. Diese Interpretation wird zudem gestützt durch das Analyseresultat für die Trachtenerweiterung (Binomial Test: N = 50, p=0,024), welches diese nicht bestätigt, wo doch aber die Trachtenwanderweiterung zumindest ein unklares Ergebnis liefert und zudem für die Tragranderweiterung in diesem Bereich sogar eine Bestätigung vorliegt.

In ähnlicher Weise verhält es sich wohl in Bezug auf die Sohlen- wie Strahlsenkung. Zwar herrscht ein Konsens über das Vorhandensein einer Sohlensenkung, jedoch ist man sich nicht darüber im Klaren, ob sich auch der Strahl senkt (Binomial Test: N = 50, p=0,864). Auch eine Ballensenkung wurde vorwiegend nicht beschrieben (Binomial Test: N = 50, p<0,001).

Wissenschaftlicher Dissens

Uneinigkeit herrscht über die Frage, ob der Hufmechanismus von der Elastizität der Hufkapsel selbst (Binomial Test: N = 50, p=0,009), der Elastizität des funktionalen Aufbaus (Binomial Test: N = 50, p<0,001) oder einer Kombination aus beiden herrührt. Obwohl in den letzten knapp 30 Jahren die Rate der Studien angestiegen ist, welche die Elastizität der Hufkapsel als wichtigsten Faktor postulieren (Spearman Rangkorrelationstest: N= 50; rs= 0,348; p= 0,013), konnte über den gesamten Datensatz keine Mehrheit für eine der Möglichkeiten festgestellt werden.

Gleiches gilt ebenfalls für Hufbeinsenkung (Binomial Test: N = 50, p<0,001) und Hufbeinrotation (Binomial Test: N = 50, p<0,001). Das Herabsinken der gesamten Hornwand kann ebenso nicht belegt werden, obwohl dies gerade in den neueren Studien immer wieder aus den Untersuchungen resultierte (Hinterhofer, et al., 2006), (Jordan, et al., 2001).

Außerdem kann ebenfalls keine Tragranderweiterung im Zehenbereich (Binomial Test: N = 50, p=0,002), oder Spannung im Zehenbereich bestätigt werden (Binomial Test: N = 50, p<0,001). Überdies wurde mehrheitlich weder eine Verengung des Tragrandes im Zehen- oder Trachtenbereich, noch eine Kompression der Trachtenwand oder der gesamten Tracht beschrieben (Binomial Test: N = 50, p<0,001).

Die in Zusammenhang mit der Rotationstheorie beschriebene Sohlen-, Strahl- und Ballenhebung konnte nicht festgestellt werden (Binomial Test: N = 50, p<0,001). Obwohl das Zurückweichen der Dorsalwand während des Auffußens über alle Studien keine Bestätigung fand (Binomial Test: N = 50, p<0,001), kann jedoch festgestellt werden, dass diese in den letzten Jahren immer häufiger beschrieben wurde (Spearman Rangkorrelationstest: N= 50; rs= 0,343; p= 0,015).

Darüber hinaus kann keine Bewegung der Hufwand an sich, weder deren Erweiterung (Binomial Test: N = 50, p<0,001) oder Verengung (Binomial Test: N = 50, p<0,001) noch die Verengung speziell im Zehenbereich (Binomial Test: N = 50, p<0,001) dokumentiert werden. Das gleiche gilt für die Eckstreben (Binomial Test: N = 50, p<0,001).

Des Weiteren wurde mehrheitlich keine Kronrandverengung im Zehenbereich, Kronrandspannung oder –druck festgestellt (Binomial Test: N = 50, p<0,001). Außerdem fanden die wenigsten Studien einen veränderten Hufmechanismus bei beschlagenen Hufen (Binomial Test: N = 50, p=0,009), abnormer Stellung (Binomial Test: N = 50, p<0,001), weichem Hufhorn (Binomial Test: N = 50, p<0,001), Bodenkontakt des Strahls (Binomial Test: N = 50, p<0,001) oder von Vorder- zu Hinterhuf (Binomial Test: N = 50, p<0,001).

Ebenso konnte kein Einfluss der Rasse (Binomial Test: N = 50, p<0,001), der Hufform (Binomial Test: N = 50, p<0,001), der Belastung (Binomial Test: N = 50, p<0,001), oder des Bodenuntergrundes (Binomial Test: N = 50, p<0,001) bestätigt werden.

Diskussion der Darstellungen des Hufmechanismus

Die vorliegenden Ergebnisse resultieren aus der Analyse von 50 Studien durch die letzten Jahrhunderte und zeigen deshalb einen Querschnitt der wissenschaftlichen Arbeit seit der Entdeckung des Hufmechanismus.

Daher darf nicht unerwähnt bleiben, dass gerade die Ergebnisse der ältesten Arbeiten zum Teil größte Ungenauigkeiten bei der Erhebung und mit großer Sicherheit auch einen nicht unerheblichen Anteil Willkür enthalten dürften. Überdies wurde zur damaligen Zeit selbstverständlich mit den damals verfügbaren, teils hoch innovativen, aber aus heutiger Sicht veralteten und wohl kaum geeigneten Methoden und Messinstrumenten gearbeitet. Nichtsdestotrotz lässt sich auch mit den modernsten Messmethoden um CT, MRT, Finite Element Analyse (FEA), Photogrammmetrie und anderen, teils Highspeed-Kamera gestützten Computermodellen, die Diskrepanzen der vergangenen Jahrhunderte eins zu eins reproduzieren vgl. (Rasch, 2015).

Daher zeichnet die moderne Forschung ein ganz ähnliches Portrait vom Hufmechanismus wie die Untersuchungen der frühen, vermeintlich primitiven Forschung, in seiner ganzen Widersprüchlichkeit, in welche sich logischerweise auch die Ergebnisse der vorliegenden Untersuchung ganz hervorragend fügen. Dies legt den Schluss nahe, dass diese hartnäckig gegensätzlichen und wirren Ergebnisse so vieler Arbeiten, höchst wahrscheinlich nicht das Produkt unterentwickelter Messmethoden sind, sondern vielmehr, dass sich unsere bisherige Sichtweise auf den Hufmechanismus, das heißt unsere Prämissen, als falsch erwiesen haben und schlussendlich für die scheinbar massenhaft unbrauchbaren Ergebnisse unzähliger Studien verantwortlich zeichnen vgl. (Rasch, 2015).

Namentlich ist dies nämlich der Glaube daran, ein bis in die heutige Zeit existierendes biomechanisches Rätsel ließe sich lösen und verallgemeinernd beschreiben, fände man das passende Instrument, es zu untersuchen. Die bisherige Forschung konzentrierte sich größtenteils darauf, einen Weg zu finden, durch die harte Hornkapsel hindurchblicken zu können oder diese exakt zu beobachten, ohne beim Messen das gesamte System durch Eingriffe irgendwelcher Art am Huf zu beeinflussen, was in der Folge natürlich das Ergebnis verfälschen würde und das Ganze optimaler Weise am lebenden Pferd in der Bewegung. Angesichts dieser Voraussetzungen steht man buchstäblich vor der Aufgabe, ein 250 Jahre altes Paradoxon zu lösen. Sicherlich sind einige Wissenschaftler, gerade in den Anfängen der Hufmechanismusforschung, dem Sprichwort „Wer misst, der misst Mist" aus der Welt der Physik auf den Leim gegangen.

Dass aber Generationen von hochkarätigen Forschern bis heute sich widersprechende Ergebnisse mit dem Ausspruch „das Rätsel sei gelöst" präsentieren, nur um wenig später widerlegt zu werden, ist sicherlich kein Zufall. Zumal die Resultate der vorliegenden Untersuchung nicht die einzigen sind, die für diese Hypothese sprechen und daher bereits mehrere Autoren zu ähnlichen Schlüssen kamen vgl. (Hanslian, 1932), (Tuletzki-Gerstenberg, 2005), (Hinterhofer, et al., 2006), (Rasch, 2015). Dies zeigt auch die Tatsache, dass sich in den vergangenen Jahren immer weniger Forscher der Illusion hingeben, es würde irgendwann gelingen, DEN Hufmechanismus zu entdecken und deshalb ihre Untersuchungen dementsprechend völlig anders konzipieren, schlussendlich mit Erfolg.

HINTERHOFER ET AL. (2006) weisen zum Beispiel nach, dass sich bei 50 % der untersuchten Hufe die Trachten nach außen und bei der übrigen Hälfte nach innen bewegen (Hinterhofer, et al., 2006). Überdies belegt die Studie von HINTERHOFER ET AL. (1997) aus dem Jahr 1997 Sohlensenkung am beschlagenen Huf und Sohlenhebung am Barhuf und führt diese Veränderung auf den Strahlbodenkontakt, beziehungsweise die Möglichkeit der Sohle zwischen den Eisenschenkeln einzusinken, zurück. Abgesehen davon weisen die Ergebnisse der Studie auf Spannungsspitzen an den Nägeln und im Bereich der tiefen Beugesehne am beschlagenen Huf hin (Hinterhofer, et al., 1997). Maximale Verformung belegen HINTERHOFER ET AL. (1997) im Bereich der dorsalen Zehenwand. Auch ACKERBLOM (1930) war 1930 bereits auf experimentellem Wege zu einer ähnlichen Erkenntnis gelangt (Rasch, 2015). Als er seine Untersuchungen durchführte, die eigentlich die Erforschung des Hufmechanismus zum Ziel hatten, konstatierte er schließlich, dass ein allgemeingültiger Hufmechanismus, den er zu beweisen gesucht hatte, gar nicht existiert (Rasch, 2015). Ebenso gelangten DAVIES ET AL. (2007) zu der Auffassung, dass die Hufform das biomechanische Verhalten des Hufes maßgeblich beeinflusst (Rasch, 2015).

Spinnt man die Idee der Elastizitätstheorie konsequent weiter, so lässt sich auch logisch erklären, weshalb die Wissenschaft bis zum heutigen Tag entgegengesetzte Ergebnisse zutage gefördert hat (Rasch, 2015). Betrachtet man die Tatsache, dass die Hufkapsel bereits allein aus der Elastizität der Hornröhrchen heraus einen Hufmechanismus zeigt, so ist der einzig logische Schluss, dass diese Bewegungen in großem Maße von der Form der Hufkapsel abhängig sind (Rasch, 2015). Dies bedingt aber wiederum folgerichtig, dass dann jedes Pferd einen so individuellen Hufmechanismus aufweisen muss, wie jedes Pferd eine individuelle Hufform hat (Rasch, 2015).

Denkt man den Gedanken des individuellen Hufmechanismus bis zu Ende, ist des Rätsels Lösung dann auf einmal denkbar einfach und so wäre es auch endlich verständlich, ja sogar obligatorisch, dass keine allgemeingültigen Aussagen für alle Hufe getroffen werden können, ganz gleich, wie hoch entwickelt die Messmethoden auch sein mögen. Denn man kann kein Phänomen für alle Pferde beschreiben, das so in seiner Allgemeingültigkeit überhaupt nicht existiert.

Seinem Nutzen beraubt diese Hypothese den Hufmechanismus jedoch in keiner Weise (Rasch, 2015). Ganz im Gegenteil, durch diese neue Theorie lässt sich die positive Wirkung des Hufmechanismus noch deutlicher und logischer darstellen. Der springende Punkt, diese positiven Einflüsse betreffend, scheint ohnehin weniger eine Frage des genauen Ablaufes zu sein. Viel entscheidender ist wohl die Komponente Bewegung vgl. (Brücher, 1876). Kann sich ein Pferd den Großteil des Tages nicht bewegen, kommt ihm neben vielen anderen Nachteilen, eben auch nicht die unterstützende Wirkung des Hufmechanismus zu Gute, egal welchen Spezialbeschlag oder welche Bearbeitungsmethode man ihm angedeihen lässt (Brücher, 1876).

Gerade ein individueller Hufmechanismus müsste als stoßdämpfende Einrichtung am Huf prädestiniert sein. Denn kann sich der Huf dehnen und verengen, wie es die Situation erfordert, ist er auch besonders gut dazu in der Lage, neben dem, in vorderster Front stehenden Band- und Sehnenapparat, sowie Strahlkissen und Schleimbeutel, unterstützenderweise verschiedene Krafteinwirkungen auf die Gliedmaße abzudämpfen, weil er in seiner Bewegung anpassungsfähig ist (Ziermann, 2006). Gerade in engen Wendungen könnte er die Gelenke vor übermäßiger Krafteinwirkung schützen, indem er einen bedeutenden Teil derselben durch Formveränderung bereits absorbiert und später wieder abgibt (König, et al., 2003).

Wobei nicht unerwähnt bleiben sollte, dass auch diese Rolle des Hufmechanismus in der Fachliteratur nicht unumstritten ist. Während KÖNIG ET AL. (2003) beispielsweise für eine Energieabsorption durch die Hufkapsel sprechen, fanden LANOVAZ ET AL. (1998), dass die Hufwand nur wenig, nämlich 10-15 %, ihrer Energieabsorptionskapazität ausschöpft und daher den Weichteilstrukturen die Hauptbedeutung zukommen dürfte vgl. (Ziermann, 2006). Ein elastischer Huf würde sich auch ganz hervorragend an den Untergrund anschmiegen und nicht nur den Stoß brechen, sondern dem Pferd darüber hinaus ermöglichen, besser zu fühlen, auf welchem Bodengrund es sich gerade befindet und könnte so die Trittsicherheit erhöhen (Rasch, 2015). Außerdem würde der Huf neben dem Strahl so auch zusätzlich für erhöhte Bodenhaftung sorgen (Davies, et al., 2007).

Von einer anpassungsfähigen Elastizität wird zudem das Bild der Hufpumpe nicht tangiert, denn der Huf bewegt sich auch in dieser Vorstellung, nur eben nicht bei jedem einzelnen Schritt, Tritt oder Sprung auf dieselbe Art und Weise. Die ständige Bewegung der Hufkapsel mit ihrer Be- und Entlastung, Kompression und Expansion, vertikalen und horizontalen Bewegung, kann ebenso durch die ständige Veränderung des den Kapillaren zur Verfügung stehenden Raumes, die Durchblutung anregen und die venöse Tätigkeit unterstützen (Rasch, 2015). Überdies würde sich die Elastizitätstheorie außerdem bestens in die zum Teil bereits erläuterten evolutionsbiologischen Vorgänge fügen.

Da der Huf ein äußerst anpassungsfähiges Organ ist und durch die Gegebenheiten der Lebensumgebung und der Anatomie seines Besitzers geformt wird, sich also durchaus innerhalb eines Pferdelebens stark verändern kann und keineswegs bei jeder Pferdepopulation der Erde gleich ist (Hampson, 2011), kann dieser logischerweise nur optimal mit Nährstoffen versorgt und vor Stößen geschützt werden, wenn sich der, dem Huf innewohnende Bewegungsablauf mit dem Huf anpasst (Rasch, 2015). Dies wird auch von den im Kapitel Diskussionspunkte dargestellten Resultaten gestützt. Jene legen allesamt nahe, dass man sich in der wissenschaftlichen Welt zwar ziemlich sicher ist, dass sich in den Bereichen Trachten und Sohle etwas bewegt, nur wie das genau geschieht, konnte noch nicht zweifelsfrei gezeigt werden.

Ginge man jedoch davon aus, dass sich der Huf je nach Form, Untergrund, Hornqualität etc. unterschiedlich bewegt, würde das diese Ergebnisse vorzüglich erklären (Rasch, 2015). Alles in allem scheint die Elastizitätstheorie also einen schlüssigen Erklärungsansatz für den Hufmechanismus zu bieten. Die vorliegenden Ergebnisse schaffen eine Grundlage für weitergehende Untersuchungen im Sinne dieser Hypothese zum Beispiel im Rahmen einer Untersuchung über den Einfluss verschiedener Bodenbeläge, Hufformen, Stellungsfehler oder Zuchtrichtungen.

Konsequenzen für die Hufbearbeitung

Verfolgt man die Elastizitätstheorie bis zu Ende, hat dies selbstverständlich Auswirkungen auf den Beschlag. Aus der Perspektive der Elastizitätstheorie ist es beispielsweise nicht sinnvoll, starr nach einer einzelnen Maxime für alle Pferde zu arbeiten (Rasch, 2015). Dies macht zwangsläufig unflexibel und ermöglicht es kaum, sich auf jedes Pferd neu einzustellen. Die Fähigkeit, Hufe so zu bearbeiten, dass explizit dieses Pferd damit dauerhaft gesund genutzt werden kann, ist jedoch von größter Wichtigkeit, wenn man bedenkt, dass der Hufmechanismus und die gesamte Biomechanik der Gliedmaßen von Pferd zu Pferd stark zu differieren scheint (Rasch, 2015).

Jedes Pferd hat seine eigene physiologische Stellung, weshalb ein übereifriges Zubereiten der Hufe auf den perfekten Huf hin vermieden werden sollte, da zu intensive Korrekturen an der Stellung durchaus zu pathologischen Veränderungen führen können (Stashak, 1989). Werden die Achsen und Winkelungen durch eine Bearbeitung des Hufes verändert, treten in der Folge unphysiologische Belastungen beim Auffußen auf, welche einerseits das Bewegungsmuster verändern und andererseits direkt an die nachfolgenden Strukturen, insbesondere Gelenke und Sehnen, weitergegeben werden (Stashak, 1989).

Daher sollte ein Huf auch dann keinen drastischen Eingriffen unterzogen werden, wenn er eine unregelmäßige Stellung aufweist, sofern sich die Zehenachse nicht gebrochen darstellt (Stashak, 1989). Welche Bearbeitung und welcher Beschlag für genau dieses Pferd am besten geeignet ist, kann der Fachmann nach der Beurteilung des Pferdes im Stand und in der Bewegung entscheiden (Stashak, 1989).

Es scheint auch aus Sicht der vorliegenden Ergebnisse empfehlenswert, die Voraussetzungen des Pferdes mit seinen etwaigen Stellungsfehlern, seinem Exterieur, seiner Hornqualität und Gliedmaßenführung, der Haltungsform und Nutzungsart vor der Bearbeitung festzustellen, um diese Informationen dann in die Arbeit mit einzubeziehen vgl. (Stashak, 1989). Durch eine individuelle Bearbeitung erhält das Pferd einen Huf, der optimal für die gegebenen Herausforderungen geeignet ist. Dies setzt ein großes Maß an Umsicht und Erfahrung des Hufbearbeiters voraus, weshalb es besonders wichtig sein dürfte, das Auge der (angehenden) Hufexperten dafür zu schulen, welche Art von Pferden und Hufen mit welcher Bearbeitungsmethode bzw. mit welchem Beschlag wahrscheinlich am besten zurechtkommt.

Die Elastizitätstheorie legt zudem nahe, dass jedes Pferd nicht nur ein ganz individuelles Bewegungsmuster aufweist (Stashak, 1989), sondern in der Folge auch biomechanisch anders auf einen Beschlag oder bestimmte Bearbeitung reagiert. Gerade bei der orthopädischen Korrektur von Pferden sollte die Wirkung des neuen Beschlags beobachtet werden (Stashak, 1989).

Außerdem kann es möglicherweise indiziert sein, mehrere Beschläge auszuprobieren, um den optimalen Hufschutz für explizit dieses Pferd zu finden (Stashak, 1989). Das heißt aber auch, dass nicht alle Pferde mit demselben unregelmäßigen Bewegungsablauf, auch desselben Korrekturbeschlags bedürfen (Stashak, 1989). Dies ist höchst individuell und muss deshalb im Einzelfall geprüft werden (Stashak, 1989). Daher ist es vor allem bei Pferden, bei welchen Stellungskorrekturen vorgenommen werden müssen, nicht sinnvoll, den Hufschmied oder den Hufbearbeiter zu häufig zu wechseln, da die Korrektur des Pferdes über mehrere Beschlagsintervalle erfolgt und der Bearbeiter mit der Zeit lernt, welcher Beschlag und welche Bearbeitung für dieses spezielle Pferd am besten geeignet ist. Wechselt man den Hufschmied oder Hufbearbeiter, beginnt der Lernprozess von neuem.

Es ist gerade im Beruf des Hufbearbeiters oder Hufschmieds also von besonderer Wichtigkeit, über ein großes Maß an Weitblick zu verfügen, sich ständig auszutauschen sowie weiterzubilden und in seiner Arbeit äußerst flexibel zu bleiben, um jedes Pferd speziell beurteilen und bestmöglich bearbeiten zu können. Daher kann aus Sicht der Ergebnisse nur empfohlen werden, seinen Blick nicht nur auf eine einzelne Bearbeitungsmethode zu richten, sondern seinen Horizont in möglichst vielseitiger Richtung zu erweitern und möglicherweise die eine oder andere Methode von anderen Schulen zu übernehmen, falls diese sinnvoll erscheinen (Rasch, 2015).

Aus der Elastizitätstheorie würde darüber hinaus resultieren, dass sich der Hufmechanismus den neuen Gegebenheiten anpasst, wie es bei HINTERHOFER ET AL. (1997) ja bereits für die Sohlensenkung beschrieben ist. Deshalb sollte selbstverständlich nicht aus dem Auge verloren werden, dass sich der Hufmechanismus genauso wie der Huf selbst, an Veränderungen anzupassen scheint, dass es also ebenso wenig sinnvoll ist, alle Aufmerksamkeit ihm allein zu widmen (Rasch, 2015). In jedem Fall sollte man sich also davor hüten, die Gesundheit oder das Wohl des Pferdes aufs Spiel zu setzen, nur um die Ziele eines ideologisierten Hufes bzw. einer bestimmten Bewegungsqualität zu erreichen (Stashak, 1989).

Viel wichtiger ist im Allgemeinen doch, dass dem Pferd durch die Bearbeitungsmethode oder den Beschlag bestmögliche Lebensbedingungen ermöglicht werden. Hufbearbeitung und Hufbeschlag haben die Aufgabe das Pferd zu schützten, seine Nutzbarkeit zu gewährleisten und etwaige Schwachstellen im Bereich der Hufe bestmöglich auszugleichen, sodass das Pferd so lange wie möglich gesund bleibt.

Literaturverzeichnis

Ahlrichs, J., 2016. www. praehistorische-archaelogie.de. [Online] https://www.praehistorische-archaeologie.de/thema/hoehlenmalerei/

Bayer Prof. Dr., o., 1882. Experimentelles über Hufmechanismus. Öterreichische Monatsschrift, Issue Nr. 9, p. S. 72.

Brücher, P. R., 1876. Grundzüge der Mechanik des Hufes und einer darauf gestützen naturgemässen Diätetik desselben - Inaugural-Dissertation zur Erlangung der philosophischen Doctorwürde an der Universität Göttingen. 1. Hrsg. Hannover: Schmorl & von Seefeld.

Bundesministerium für Justiz und Verbraucherschutz, oDt.. Gesetze im Internet. [Online] https://www.gesetze-im-internet.de/tierschg/__1.html

Burn, J. F. & C., B., 2001. Quantification of hoof deformationusing optical motion capture. Equine Veterinary Journal, Issue 33, pp. S. 50-53.

Castelijns, H., 2006. Die Pathogenese (Entstehung und Entwicklung) und Behandlung von Kronrandhornspalten der Seitenwand – Quantitativbestimmung der vertikalen Mobilität der Hufkapsel an den Trachten. [Online] http://www.farriery.eu/artikel-deutsch/03-2006.htm

Clark, B., 1809. A series oforiginal experiments on the foot ofthe living horse, exhibiting the changes produced by shoeing, and the causes ofthe apparent mystery of this art. 1. Auflage Hrsg. London: Printed for the Author, and sold at No. 17, Giltspur Street, and by Sherwood, Neely, and Jones, Paternoster Row.

Davies, H., Philip, C. & Merritt, J., 2007. 2. Funktionelle Anatomie. In: In Floyd, A.; Mansmann, R.: Hufkrankheiten. Diagnostik - Therapie - Orthopädischer Beschlag. München: Elsevier Verlag, pp. S. 29-46.

Dominik, F., 1890. Einiges über Hufmechanik. Zeitschrift für Veterinärkunde, Band Berlin, pp. S. 12-20.

Dominik, F., 1890. Weiteres über Hufmechanik. Zeitschrifz für Veterinärkunde, Band Berlin, pp. S.387-399.

Fischer, A., 1924. Rudert, oVN.: Hebt oder senkt sich die Sohle des Pferdehufes bei Belastung (1921). In: P. D. W. Ellenberger, P. D. K. Neumann & P. D. O. Zietzschmann, Hrsg. Ellenberger-Schütz' Jahresbericht über die Leistungen auf dem Gebiete der Veterinär-Medizin. Berlin: Springer-Verlag Berlin Heidelberg GmbH, p. S. 236.

Fischerleitner, F., 1974. Röntgenographische Untersuchungen über den Einfluss der Lageveränderungen des Huf- Strahl- und Kronbeines auf die Mechanik der Hornkapsel des Pferdes im Belastungsgerät. Dissertation Hrsg. Wien: Veterinärmedizinische Universität.

Forstenpointer, G. & Weissengruber, G. E., 2002. Vienna Zoo: 250 years - medical care by experts of the Viennese veterinary medical school. Wiener tierärztliche Monatsschrift, Januar, pp. 282-290.

Fürst, D. A., von Salis, P. B. & Bertolla, R., 2001. Der Hufbeschlag beim Pferd. Veterinärchirurgische Klinik der Universität Zürich, Vorlesungsunterlagen.

Hampson, B., 2011. Die Forschung an Wildpferdehufen und ihre Relevanz für die Veterinärmedizin und für die Hufbearbeitung. Leipzig, Tagungsmaterialien Vortrag zur 5. Huftagung der DHG e.V. für Tierärzte und Hufbearbeiter am 7. Mai 2011.

Hanslian, A., 1932. Hufmechanik und Hufbeschlag. Der Hufschmied, Issue Nr. 50, pp. 173-176.

Hinterhofer, C., Stanek, C. & Haider, H., 1997. Belastungssimulation an einem aus finiten Elementen konstruierten Gomputermodell der Hornkapsel des Pferdes. Pferdeheilkunde 13, 4 Juli;August, pp. S. 319-329.

Hinterhofer, C., Stanek, C. & Haider, H., 2000. The effect of flat horseshoes, raised heels and lowered heels on the biomechanics of the equine hoof assessed by finite element analysis (FEA). Journal of Veterinary Medicine. A, Physiology, Pathology, Clinical Medicine, März, 47(2), pp. S.73-82.

Hinterhofer, C. et al., 2006. Motion analysis of hoof wall, sole and frog under cyclic load in vitro: Deformation of the equine hoof shod with regular horse shoe, straight bar shoe and bare hoof. Pferdeheilkunde 22, 3 Mai;Juni, pp. S. 314-319.

Hollendung, S. & Böhling, B., K.A.. Die Mongolen unter Dschingis Khan. [Online] Available at: http://www.mongolen-dschingis-khan.de/

Imhof, U., 2010. Die Geschichte des Hufbeschlags. Schweizer Archiv für Tierheilkunde, Band 152(Heft 1), pp. 21-29.

Jampert, G., KA. Die Huflehre von Dr. Hiltrud Straßer - vom Vorurteil zur Pseudowissenschaft, s.l.: s.n.

Jordan, P. et al., 2001. Photogrammetric measurement of deformations of horse hoof horn capsules, University of Zurich (Originally published at: SPIE Reviews, 4309; S.:204-211): Posted at the Zurich Open Repository and Archive.

König, H. E. et al., 2003. Stoßbrechende Einrichtungen am Zehenendorgan des Pferdes. Wiener tierärztliche Monatsschrift, 90 Januar, pp. S. 267-273.

La Fosse, É.-G., 1755. Observations and Discoveries Made Upon Horses, With New Methods of Shoeing, With Copper-Plates, by Signeur La Fosse (Urfassung: Observations et découvertes faites sur des chevaux, avec une nouvelle pratique sur la ferrure). In englischer Übersetzung von J. Nourse (1.Auflage 1754) Hrsg. London (Urfassung Paris): printed for J. Nourse, at the Lamb, opposite Catherine-Street, in the Strand (Urfassung: Chez Hochereau le jeune, Quai des Augustins, au coin de la rue Gist-le-coeur, à S. François : de l'imprimerie de Gissey, MDCCLIV [1754]).

Lanovaz, J. L., Clayton, H. M. & Watson, J. C., 1998. In vitro attenuation of impact shock in equine digits. Equine Veterinary Journal, September(30), pp. S. 96-102.

Lechner, P. D. J., 1881. K.A.. Tageblatt der 54. Versammlung deutscher Naturforscher und Aerzte und in Salzburg, p. S.95 ff..

Leisering, D. A. G. T. & Hartmann, H. M., 1886. Der Fuß des Pferdes in Rücksicht auf Bau, Verrichtung und Hufbeschlag. sechste Auflage, überarbeitet von A. Lungwitz (1. Auflage 1883) mit 211 Holzschnitten von Prof. - Bürkner Hrsg. Dresden: G. Schönfeld´s Verlagsbuchhandlung.

Lungwitz, A., 1882. Zweiter Beitrag zum Hufmechanismus. Deutsche Zeitschrift für Thiermedicin, Band Band 8, p. S. 296.

Lungwitz, A., 1883. Der gegenwärtige Standpunkt der mechanischen Verrichtungen des Pferdehufes. Der Hufschmied, 1(Hannover), p. S. 4 ff. und S. 17 ff..

Lungwitz, A., 1890. Die Formveränderung des Pferdehufes unter der Einwirkung der Körperlast. Der Hufschmied, 8(Hannover), p. S. 1 ff. ; S. 22 ff. und S. 39 ff..

Lungwitz, A. & Schaaf, 1882. Beitrag zum Hufmechanismus. Deutsche Zeitschrift für Thiermedicin, Band Band 8, p. S. 38 u. ff..

Martinak, o., 1882. Die Theorie der Hufrotation. Österreichische Monatsschrift, Issue Nr. 5 ff., p. S.39 ff..

Möller, H., 1906. Die Hufkrankheiten des Pferdes – Ihre Erkennung, Heilung und Verhütung. 2. überarbeitete Auflage Hrsg. Berlin: Verlag von Paul Parey.

Paracelsus, P. A. T. B. v. H., 1538. Die dritte Defension wegen des Schreibens der neuen Rezepte. Werke Bd. 2; S. 510 Hrsg. Darmstadt 1965: s.n.

Peters, F., 1883. Die Formveränderungen des Pferdehufes bei Einwirkung der Last mit besonderem Bezug auf die Ausdehnungstheorie. Berlin: s.n.

Peters, F., 1883. Die Wechselbeziehungen zwischen der Belastung der Schenkelsäule und der Gestalt ihrer Stützfläche. Archiv für wissenschaftliche und praktische Thierheilkunde, Band 9, p. S. 55 u. 293.

Peters, F., 1883. Die Wechselbeziehungen zwischen der Belastung der Schenkelsäule und der Gestalt ihrer Stützfläche. Archiv für wissenschaftliche und praktische Thierheilkunde, Band 8, p. S. 281.

Podbregar, N., 2018. Domestikation der Pferde lief anders: www.wissenschaft.de. [Online] https://www.wissenschaft.de/geschichte-archaeologie/domestikation-der-pferde-lief-anders/

Ráczová, Z., 2017. HistorischesArchivderVeterinärmedizinischenUniversität Wien. GMS Medizin-Bibliothek-Information, 21 September, pp. 17 (1-2).

Rasch, K., 2015. Der Hufmechanismus – Die Quintessenz der Biomechanik des Pferdehufes?. Leipzig, Tagungsmaterial der 9. Huftagung der DHG e.V. für Tierärzte und Hufbearbeiter, am 13. Juni 2015.

Richter, P. D. T., 2014. Vorlesung: Anatomie und Ethologie (Fachsemester 1, Studiengang Pferdewirtschaft, HfWU) [Interview] (Wintersemester 2014).

Ruthe, H., Litzke, L.-F., Rau, B. & Back, W., 2012. Der Huf: Lehrbuch des Hufbeschlages. 6. vollst. überarb. und erw. Aufl., begr. von Hermann Ruthe, hrsg. von Lutz-Ferdinand Litzke u. Burkhard Rau, unter Mitarb. von Willem Back Hrsg. Stuttgart: Enke Verlag.

Sautier, C., 1913. Untersuchungen über einige physikalische Eigenschaften des Pferdehufhornes. Dissertation Hrsg. Eidgenössische technische Hochschule in Zürich: Buchdruckerei J. Schills Erben Luzern.

Schmidt, I., 2014. www.vollblutaraber.de. [Online] http://www.vollblutaraber.de/araber.html

Schwentzky, A., 1890. Beitrag zur Hufmechanik. Der Hufschmied, 8(Hannover), pp. S. 20-22.

Stark, H. & Guther, 1917. Neue Bahnen im Hufbeschlag. München: Selbstverlegt.

Stashak, T. S., 1989. Adams´ Lahmheit bei Pferden. 4. Auflage in der deutschen Bearbeitung von H. Wissdorf Hrsg. Alfeld (Leine) - Hannover: M. & H. Schaper.

Steglich, B., 1883. Über den Mechanismus des Pferdehufes mit besonderer Berücksichtigung der Hufrotationstheorie des Prof. Dr. Lechner in Wien. Leipzig: Inaugural-Dissertation. Mit einer Tafel.

Thomason, J. J., McClinchey, H. L. & Jofriet, J. C., 2002. Analysis of strain and stress in the equine hoof capsule using finite element methods: comparison with principal strains recorded in vivo. Equine Veterinary Journal, 7(34), pp. S. 719-725.

Tuletzki-Gerstenberg, U., 2005. Hufmechanismus oder Hufdeformation?. Tangendorf: Lucky Hoof Verlag.

Twente, C., 2005. Die Mongolen - Die Erben des Dschingis Khan - Teil 1. Deutschland, Gruppe 5 Produktion, Köln; im Auftrag des ZDF; in Zusammenarbeit mit Arte,ZDF.enterprises und ORF.

Varberg, J., 2009. Frau und Pferd in der Spätbronzezeit. Das Altertum, Band 54, pp. S. 37-52.

von den Driesch, A., 1993. Tierheilkunde und Tierärzte im Klassischen Altertum. Sartoniana, 6(Gent.), pp. S. 37-55.

Walther, 1906. Ein Beitrag zur Hufmechanik. Österreichische Monatsschrift für Tierheilkunde, 31(11), pp. S. 481-490.

Wandruszka, N., 1998. Der Hufmechanismus. Freizeitreiten & -fahren, Band 2, pp. S.33-37.

Wandruszka, N., 2011. Hufzubereitung und Hufbeschlag bei Hiltrud Strasser. „Wer heilt hat Recht". [Online] http://www.wandruszka-hufbeschlag.de/

Weißbacher, N., 2001. Untersuchungen zum Hufmechanismus beim Pferd : Vergleich des unbeschlagenen Hufes mit verschiedenen Beschlagssituationen mit Hilfe von Dehnungsmessstreifen und mit einem kinematischen Messsystem. Dissertation Hrsg. Vetrinärmedizinische Universität Wien: s.n.

Woergetter, C. M., 2003. Zur digitalen Darstellung der equinen Hufmechanik. Dissertation Hrsg. Veterinärmedizinische Universität Wien: s.n.

Ziermann, S., 2006. Energiesparmechanismen und Stoßdämpferfunktionen am Be-wegungsapparat des Pferdes - Eine Literaturrecherche. Dissertation Hrsg. Ludwig-Maximilian-Universität München: s.n.

Anhang: Liste der URL-Adressen historischer Werke

Aufgrund der zum Teil erheblichen Schwierigkeiten, Inhalten historischer Werke habhaft zu werden, finden Sie hier eine Liste der URL-Adressen frei zugänglicher Exemplare, meist in Form von PDF Dateien.

Titel	Autor	Jahr	URL
A series of original experiments on the foot ofthe living horse, exhibiting the changes produced by shoeing, and the causes ofthe apparent mysteryofthis art	Clark, B.	1809	https://wellcomelibrary.org/item/b22011456
Der Fuß des Pferdes in Rücksicht auf Bau, Verrichtung und Hufbeschlag	Dr. Lesering, A. G. T. & Hartmann, H. M.		http://viewer.tiho-hannover.de/viewer/image/PPN630852073/13/
Observations and Discoveries Made Upon Horses, With New Methods of Shoeing, With Copper-Plates, by Signeur La Fosse	La Fosse, É.-G.	1755	https://www.biodiversitylibrary.org/bibliography/31045#/summary

Danksagung

Ich möchte mich bei meinem Hufschmied Herrn Günther Kappler und Herrn Hans-Peter Schmied für den regen Austausch und die fachlichen Gespräche danken. Danken möchte ich auch meinem geschätzten Reitlehrer, Herrn Karl-Heinz Poser für dessen exzellente Ausbildung. Ein Dank gebührt ebenfalls Frau Marion Steger. Liebe Marion, herzlichen Dank fürs Auffinden meiner Rechtschreibfehler. Danke Herr Dr. Martin Reilich und dem Cusanuswerk für das Vertrauen, welches Sie in mich gesetzt haben, sowie dafür, dass Sie einen so inspirierenden Austausch mit meinen Mitstipendiaten aus ganz Deutschland ermöglichen.

Ein Dank gebührt meinen Urgroßeltern und Großeltern, und meinen Eltern, die mir so vieles ermöglicht haben, für ihren Rückhalt, die fachliche wie moralische Unterstützung beim Verfassen des Buches und den regen Diskurs. Danke lieber Christian für die Motivation, Dein offenes Ohr und den seelischen Beistand.

Stefanie Blatz